生命科学の静かなる革命

福岡伸一
Fukuoka Shin-Ichi

インターナショナル新書 004

目次

序章

失われた矜持を取り戻すために

京都大学の山中伸弥教授率いる研究チームがiPS細胞の生成に成功して以降、生命科学は「社会利益を実現し得る学問」として多大な期待と重圧を背負うことになった。研究者たちは目先の実益や目に見える結果を重視し始め、学会では「作りました」「できました」という形ありきの研究ばかりがもてはやされるようになっている。二〇一四年に世間を騒がせたSTAP細胞の問題も、その延長線上で起きた事件と言えるだろう。

しかし、生命科学とは本来、医学の下僕ではなく、新しい産業にシーズを与えるべく推進されるものでもない。社会利益に直結する研究は科学の意義を問ううえで重要な一側面ではあるものの、本質ではないのだ。生命科学の本質は、生命とはいかなるものか、生命とはいかにして生命たりえているのか、そのHOWを解き明かす営みにあるはずだ。

記憶に新しいところでいえば、二〇一六年の秋にノーベル生理学・医学賞を受賞した大隅良典栄誉教授の功績は、細胞の自食作用「オートファジー」の謎を解き明かすという基礎研究であり、これは「すぐに役に立つ学問」の対抗軸に位置づけられるものだ。大隅栄誉教授が若かりし日に研究者として研鑽を積んだのは、奇しくも私が駆け出しのころに武者修行をした思い出の地、ロックフェラー大学。一九七〇年代の中盤、細胞生物学の黄金期を迎えていた同大学で培った「科学する心」が、彼の研究推進力を支えたことは想像に難くない。

研究者が失われた矜持を取り戻し、純粋な探求者として再起するためには、二〇世紀から二一世紀にかけて大展開した生命科学の道のりを今一度振り返り、この基本的命題を再確認する必要があるのではないか。そんな危機意識が本書を執筆する原動力となった。

しかし、だからと言ってこの本を研究者だけに向けたお堅い問題提起書にするつもりは毛頭ないし、読者のみなさんにはどうか肩の力を抜いて読み進めていただきたいと思っている。むしろ本書は、研究者という生き物をまったく未知の存在として捉えている多くの人々に、彼ら（無論、ここには私も含まれる）の生態と地道な研究の日々、そして隠れた偉業の数々を知ってもらいたいという思いで執筆したのだから。

さて、所信表明はこのあたりで収めることにして、序章となるこの章では、生命科学という学問がこれまでに成し遂げてきた主要な功績と、私が研究者として多大な影響を受けたロックフェラー大学について簡単に触れておきたい。

大切なものはすべて対になっている

生命科学史上、二〇世紀最大の発見は何か。そう問われたなら、誰もが、ほとんど疑問の余地もなく、ＤＮＡの二重らせん構造の解明、と答えるに違いない。これを成し遂げた一九五三年当時、ジェームズ・ワトソンはわずか二五歳、フランシス・クリックは三六歳だった。今から見ると、無名の新人の、それこそ一発屋的な達成だった。どうしてＤＮＡの秘密に気がついたのですか、と問われてワトソンはこううそぶいてみせた。「だって、自然界において、大切なものはすべて対になっているじゃないか」と。

確かに、二重らせんの二重

DNAの二重らせん構造

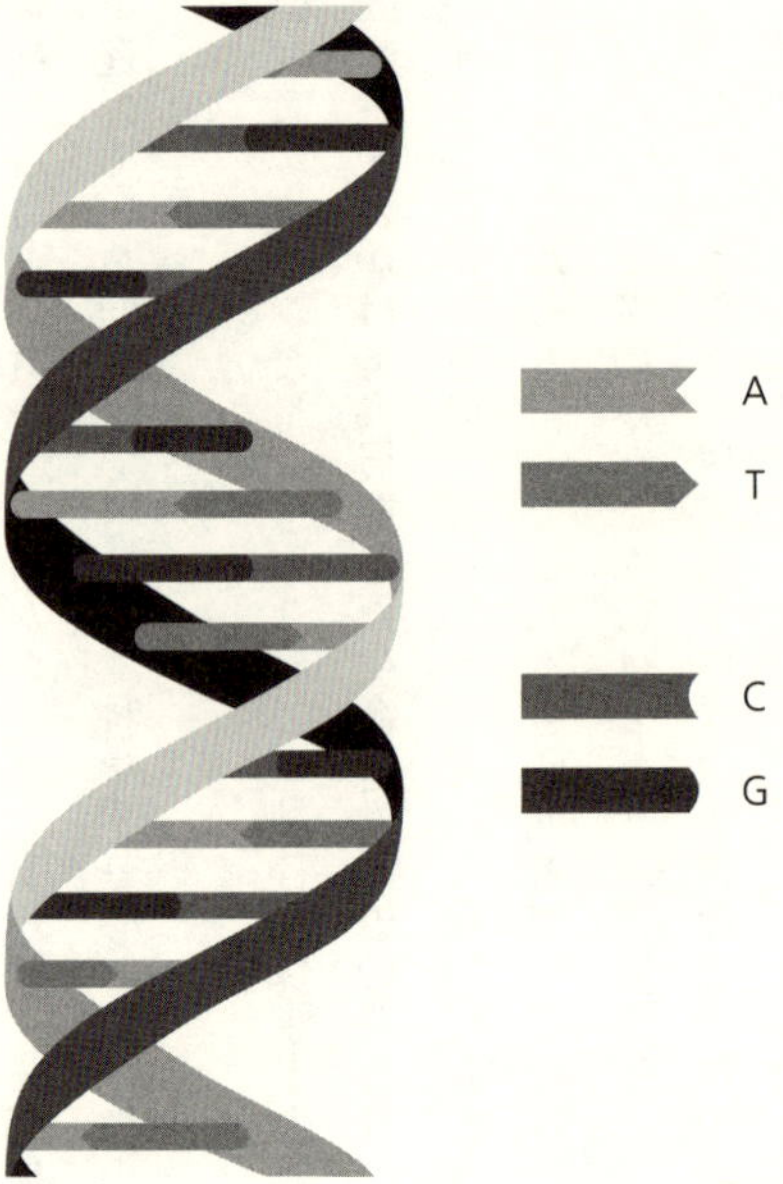

とは「対」のことである。二本のＤＮＡ鎖が、ちょうどポジフィルムとネガフィルムのように、互いに不足を補い合って結合している。フィルム上の画像情報が遺伝情報にあたる。ポジがあればネガが、ネガがあればポジが作れる。

しかも、このポジとネガの関係は、具体的には、ＤＮＡを構成する基本要素である四つの塩基――Ａ（アデニン）、Ｃ（シトシン）、Ｇ（グアニン）、Ｔ（チミン）で表される――のあいだに生じる特異的な「対」によって成立していた。すなわち、Ａに対しては必ずＴが、Ｃに対しては必ずＧが対になることによって、情報の相補性が保障されている。

そう。ここで重要だったのは生命を情報として捉えるという新しい思考だった。二重らせん構造は、生命現象の根幹である自己複製において、情報がどのように保存され、いかに流れるのかを指し示していた。

生命現象において、情報はどのような形で記述されるのか。そしていかにして情報は再び作用する力を発揮するのか。情報のコード（暗号）化とデ・コード（解読）化。ＤＮＡの美しさとは、その構造が情報担体としての機能を、まったく過不足なく体現しているところにあった。

だから、生命科学の歴史は、ワトソン・クリック（以下、WC）の発見がなされる前と後で、がらりと書き換えられたといえる。まさに紀元前（before Christ: BC）と紀元後（Anno Domini: AD）で時間の切断が起きたように。WC以降、生命科学は生命を情報のふるまい方として解析することになる。これはコペルニクス的転回ともいうべきパラダイム・シフトであった。

しかしここで少し冷静な視点を導入してみたい。ワトソンとクリックは、DNAの構造を解明することが、当時、最もチャレンジングな生物学的課題であることをよくわかっていた。もしそれを成し遂げたなら、その栄誉はまっすぐストックホルムにつながっていることも十分に理解していた。彼らは見事にその果実をものにしたわけだが、そもそも、DNAの構造解明が最重要課題であることは、DNAが遺伝情報を担う物質の正体である、ということが示されていたからこそ導かれる帰結だった。

では、誰が、DNAこそ遺伝情報を担う物質だと世界で最初に気づいたのだろうか？

それは、オズワルド・エイブリーという人物だった。彼の名を聞くと、いつも私は一九八八年の夏の日々を思い出す。

ニューヨークのヨーク・アベニューに面したロックフェラー大学の正門

ロックフェラー大学で過ごした、孤独で充実した青春の日々のことを。

ロックフェラー大学の伝統芸

その夏、私は米国ニューヨーク市にあるロックフェラー大学の分子細胞生物学研究室にポスドク（post doctoral fellow の略。博士研究員のこと）として採用された。京都大学で博士号をとったもののまだ右も左もわからない、駆け出し研究者の、そのまた卵だった。当時は、博士号をとると、あまり後先のことを考えず、海外に武者修行に出るのが普通だった。私もたくさんの大学に応募の手紙を書き、たまたま拾ってくれたのがここだった。

私が働き始めた研究室は、マンハッタンを流れる、イースト・リバー沿いにある構内の、最も古い建物のひとつ、ホスピタル棟の五階にあった。ホスピタル棟は二〇世紀初頭の創立当時からそのままの、飾り気のないどっしりした姿で建っていた。そこで私は来る日も来る日も実験動物の膵臓（すいぞう）をすりつぶしてＤＮＡやＲＮＡ（リボ核酸）を抽出したり、膜（まく）タンパク質を精製したりした。ロックフェラー大学の細胞研究では、しばしば膵臓が使われる。これはある意味で伝統芸だった。私はその伝統の末端に位置していたにすぎないが、それでも大きな研究の歴史の尻尾に連なっているという、かすかな実感がうれしかった。

　ポスドクはいわば研究上の傭兵。日夜こき使われる。英語が自由に話せない分、体で示すしかない。毎日ボロぞうきんのように働いた。そんなある日、研究室の教授が私に教えてくれた。

「この上のフロアの六階に誰がいたか知っているか？　エイブリーだよ」

　私はその日の夜遅く、実験が終わってから、階段を上って六階に行ってみた。当時から四〇年以上が経ち、そこにはエイブリーにつながるものはもちろん何も残ってはいない。リノリウムの床が鈍く光っているだけだった。しかし、エイブリーは確かにこの廊下を行き来して、実験に打ち込んでいたのだ。そう思うだけで胸が高鳴り、過酷な下積みの日々が肯定される気がした。

生命現象を情報として捉えたオズワルド・エイブリーは真の意味で孤独な先駆者だった。彼の功績に関しては、第一章で詳しく触れることにしよう。

HWの物語

生命科学のもうひとつのパラダイム・シフトについても言及しておきたい。それはいうなれば、遺伝情報の解明という革命以上の革命だった。脳が世界をどのように捉えているのか。この世界を構成する要素をどのように取り出し、どんな形でコード化しているのか。そして、それをいかにデ・コード化するのか。これはある意味で、ＷＣよりも画期的な二つの知性の発火によってもたらされた時代の切断であった。それがデイビッド・ヒューベルとトーステン・ウィーゼル、すなわちＨＷの物語である。

本書の第二章には、ＨＷのうちのひとり、トーステン・ウィーゼル本人との対談を収録している。ウィーゼルは、一九九〇年代の数年間にわたってロックフェラー大学の学長を務めた。以降に述べる私の論考とともに、ウィーゼルの言葉にも耳を傾けていただきたい。

残念なことに、HWのうちのもうひとり、デイビッド・ヒューベルは二〇一三年の秋にこの世を去った。今回の対談では、ウィーゼルにとって、ヒューベルという科学者がどれほどかけがえのない存在だったのかを感じ取ることができたように思う。

二五人のノーベル賞受賞者

ロックフェラー大学は生命科学研究に特化した大学院大学である。ドイツに先行されていた生命科学研究のイニシアティブを米国に奪取せんとして、一九〇一年、ロックフェラー家の多大な援助によって設立された。当初はロックフェラー医学研究所と呼ばれたが、後に大学院大学となった。設立以来、世界の生命科学のセンター・オブ・エクセレンス(中心研究拠点)として、最先端研究を牽引し、世界中から優秀な研究者が集まってきた。また幾多の卓越した研究者をここから輩出した。

ロックフェラー大学の特徴は、学部や学科を持たないことである。個々の研究室だけが構成単位だ。組織を作ることによる弊害をできるだけ排して、純粋に研究だけを遂行することを第一の目標としている。まさに理想の研究体制だ。その伝統は今でも引き継がれている。現在、ロックフェラー大学には大小あわせて約七〇の研究室がある。研究室には主宰者としての教授がいて、研究の実行部隊としてポスドクや大学院生、実験補助員などが雇われている。研究者数約二〇〇人、ポスドク約三五〇人、大学院生約一七五人。それぞれの研究室は完全に独立して独自のプロジェクトを進める。

ロックフェラー大学にはこれまでに二五人のノーベル賞受賞者が在籍したが、その内の五人が現在もここで研究を推進する現役の研究者である。ちなみにロックフェラー大学には年齢による定年制がない。

私は二〇一三年四月から二〇一四年までの間、客員教授として、この場所に研究留学していた。ポスドク以来、二十数年ぶりのロックフェラー大学再訪。いわば第二のふるさとに里帰りしたようなもので、当時から変わらぬたたずまいに懐かしい感慨を覚える一方、急激に様変わりしている研究最前線に目を見開かされた。

第二章に収録している対談は、この滞在期間中に行ったものだ。ロックフェラー大学に在籍している三人のノーベル賞学者を含む五人の研究者の厚意を得て、多忙のなか時間を割いていただいた。その三人とは、先に記した脳の視覚研究で一九八一年にノーベル生理学・医学賞を受賞したトーステン・ウィーゼル、神経細胞の情報伝達機構の解明によって二〇〇〇年にノーベル生理学・医学賞を受賞したポール・グリーンガード、そして細胞分裂の研究で先駆的な業績をあげたことで二〇〇一年にノーベル生理学・医学賞を受賞したポール・ナースである。

現役のノーベル賞学者五人のうち、残りの二人、細胞生物学のギュンター・ブローベルと、イオンチャネル研究のロデリック・マキノンには、対談を申し込んだものの、スケジュールの都合でかなわなかった。特にブローベルとはぜひとも話したいと思っていただけに残念だ。

本書では、まず第一章で、ロックフェラー大学が誇るもうひとつの生命科学研究――細胞のトポロジーをめぐる情報のコード化とデ・コード化――について触れたいと思う。先に、膵臓をすりつぶすのがロックフェラー大学の伝統芸である、と書いたのはこのことと関係しているのである。

第一章　生命科学は何を解明してきたのか？

ヒューベルとウィーゼルの出会い

ロックフェラー大学の学長を務めたトーステン・ウィーゼルは、次のように語っている。

「一九五八年のこと。デイビッド・ヒューベルは、ジョンズ・ホプキンス大学の生理学教室に移ってきたのだが、ちょうど研究室が改装中ですぐには使えなかった。だから、彼は、眼科の研究施設の中にあったスティーブン・カフラーの研究室を一時的に間借りすることになった。私はたまたまそこでポスドクをやっていた。こうして、カフラー、ヒューベル、そして私の三人は出会ったんだ。確かみんなで一緒にランチを食べた。でもそのとき、この出会いが私たちをめぐるあらゆる状況を一変させることになるとは、誰ひとり考えもしなかった。そう、私たちはコーヒーを何杯もお代わりしておしゃべりに興じた。あの日を起点に、私たちの航路は、大きく舵をきることになった」

ヒューベルとウィーゼルはすぐに意気投合して共同研究を開始した。彼らは根っからの実験科学者だった。ほとんどすべての実験器具を自分で削り、自分で組み立て、自分でハンダづけして作った。最も重要だったのがミクロ電極だった。試行錯誤の末、タングステンが最もよい材料であることがわかった。これを注意深く実験動物の脳に埋め込んで、単一の神経が活動する際に発せられる、微弱な電気信号を正確に検出することに成功した。彼らはこの実験方法を使って、眼が何かを見たとき、どんな視神経がどのように反応するかをひとつずつ、ゆっくり、丹念に調べていった。この技法はまもなく世界中の脳研究者のあいだで踏襲されるようになる。

「夜明け前、私たちは、大学の動物舎に続く薄暗いトンネルを抜けて、その日実験に使用するネコやサルの準備をしに行った。私たちが使っていたのはクモザルという尾の長いサルだった。麻酔用の注射器を片手に近づくと、クモザルは驚くほどの器用さで、その長い尻尾の先を使って私の手からするりと注射器を奪い取るんだ。私は慌てたけど、ヒューベルは笑っていた。そして人に会うたびにこの話を聞かせた。実験で夜遅くなると、彼は、よく私にスウェーデン語を話させて、それをまねして楽しんでいた。彼は語学の天才でもあったんだ。こんなふうにして、私たちの絆は少しずつ深まっていったんだと思う」

「一回の実験は、しばしば一日以上——つまり連続二四時間以上——かかった。それは確かに心底疲れる作業だった。でもその時間を使って、私たちはお互いをよく知ることができた。そして何にもまして、アイデアを練り、今後のアプローチや実験の計画をあれこれ議論することができたんだ」

二〇世紀の生命科学上の偉大な発見が、しばしば二人の「対」によって成し遂げられたという事実は、ある意味で興味深いことである。本来、科学は極めて個人的な営みだ。自分の好みの問題を、自分の方法で、自分だけのモチベーションで追究する。だから多くの場合、研究者同士は、研究対象が同じであればあるほど、近づき合うよりも、むしろ互いに離反し、独自性を主張し、競争し、あるいは相手を油断させるために欺き合う。

しかし一方で、二人の、ある意味で好対照な「対」が、特殊なケミストリーによって結びつき、極めて大きなパラダイム・シフトを生み出すことがある。DNAの二重らせん構造を解明したワトソン・クリックしかり、コレステロール代謝研究におけるブラウン・ゴールドスタイン[*1]しかり、そしてヒューベル・ウィーゼルしかり。二人の名前は、あまりに何度もコンビのまま言及されるため、知らない人は、それがひとりの人物の姓と名だと思ってしまう。

ジェームズ・ワトソンとフランシス・クリックの役割分担は明確だった。彼らの自伝や評伝によると、クリックは、X線構造解析などの物理化学的な洞察によって、ワトソンは、ボール紙や針金で作った模型を立体的に組み合わせるような空間的な直感によって、それぞれ偉大な発見に寄与したようだ。

幸運な冒険者

では、ヒューベルとウィーゼルの役割分担はどんなものだったのだろう。私がこの問いを発したとき、ウィーゼルは、「自分はスウェーデンから来たばかりの初学者で、いつもヒューベルのまわりをうろうろしていただけだ」といった具合に謙遜していた。しかし、彼はそれに続けて「私たちは、コンプリメンタリー（相補的）な関係だった」とも言っていた。それは文字通り、DNAが、ポジフィルムとネガフィルムのような合わせ鏡的構造によって、互いに他を補う構造をとっているという意味の、相補性に似たものだったのかもしれない。

ヒューベルは、手仕事が好きで、実験室において、何でも自作してしまうようなクラフトマンシップに長けていた。また、どちらかといえば孤高の芸術家タイプであって、パーソナルであることを好む性格だった（これは決してセルフィッシュという意味ではない。ひとりで自分の仕事をするのが好きなタイプ、という意味である）。ウィーゼルは、そんなヒューベルに常に敬意を払いつつ、極めてよき話し相手となり、そして次々と発見されるパズルのピースを的確に組み合わせ、何が不足しているかを見出し、その答えを得たうえで大きな生物学的な絵図として総合化する鳥瞰的な能力に長けていた。それは、ヒューベルが生涯、一研究者として自分だけの研究を追究するスタイルを貫いたのに対し、ウィーゼルが後にロックフェラー大学の学長職を務めるなど、行政的な手腕を発揮したことからも見て取れる。

ヒューベルのパーソナルなスタイルは徹底していた。彼は、教授としてポスドクや学生にアドバイスを与えたり、指導したりすることはあっても、決して、彼らの研究論文に共著者として名前を連ねることはなかった。それは彼らの研究であって自分の研究ではないから、というのが理由である。このことは現代の研究の現場にあっては異例中の異例である。一般的に教授（もしくは研究室の長）は、その研究室から発せられるありとあらゆるアウトプット（その主たるものは論文だが、特許や取材といったものまで）について、研究の主宰者として常に自分の名がクレジットされるように徹底している。誰を筆頭著者とするかに始まり、記名の順序、そして自分を必ず責任著者としてリストの最後に明記することまで、すべての決定権が自分にあることを金科玉条としているのだ。場合によっては、その研究室から巣立っていったポスドクや学生の研究にまで自分のクレジットを義務づけたり、研究上の知見や試料の持ち出しを禁じたりすることすらある。

だからヒューベルとウィーゼルの研究スタイルは、凡百の研究者の偏狭さとは、おおよそ違う次元の自由で自在な空気に包まれていた。

「どうして、ヒューベルとウィーゼルは、あらゆる論文で、ヒューベル・アンド・ウィーゼルと記されていて、ウィーゼル・アンド・ヒューベルではないのですか？」

ヤボな質問であることを自覚しつつ、そう私は聞いてみた。ウィーゼルはさらりとこう言った。「アルファベット順です」

ウィーゼルは続けた。「ひとつ実験を行うと、そこから驚くべき導きがあり、それが次に答えるべき問題となる。この連続だった。だから私たちはある意味で幸運だった。幸運な冒険者だった」

ある日のこと。ヒューベルが大声をあげながら廊下を走ってきた。「早く来て、これを見ろ。特別な角度の線にだけ反応する神経があるんだ！」。大発見の瞬間だった。

彼らはその日、ネコを使って実験をしていた。動物と電極の状態がことのほか良好で、何時間にもわたって単一の神経細胞の活動を記録することができていた。ネコにさまざまなパターンの図形を見せて、それに対してその神経細胞がどのように反応するか、いろいろと試みることができた。もし神経細胞が活発に反応するのなら、電極を通してたくさんの発火（スパイク）信号を検出し、それは記録紙の上にギザギザの模様となって現れる。

実はこれだけでもヒューベルとウィーゼルの研究は脳科学に大きな進歩をもたらしていた。すなわち、神経細胞の発火の頻度がそのまま、入力された感覚（この場合、視覚）の情報量に対応する。その事実がミクロ電極を通じて、直接検出できたのである。

ヒューベルとウィーゼルは、旧式のスライド・プロジェクターの枠にガラスをかざして、それをスクリーンに投影し、あれこれネコに見せる実験方法を考案していた。ガラス板に、黒い円形の紙を貼りつけておき、それをいろいろな方向に動かしてネコの反応を調べるのである。あるときは急に神経の活発な発火が生じ、また別のときはわずかしか発火しなかった。しかし、発火の強弱は、黒い円が動く方向とは必ずしも関係がないようだった。いったいどのような法則性があるのだろうか。交代で実験を繰り返しながら、五時間ほども経った頃だった。ヒューベルは、ガラス板を動かしながらはっと気がついた。神経細胞が急に発火するのは、黒い円の動きに対してではない。ガラス板の辺縁が作り出す斜めの線に対してなのだ。

彼らは実験を組み直した。使うのは黒い円ではなく、線である。その線を少しずつ傾けて、神経細胞の反応を調べていった。すると驚くべきことが明らかになった。ある特定の傾きにだけ特異的に反応する個別の神経細胞が存在していたのだ。右斜め三〇度の傾きの線にだけ反応する神経、左斜め四五度の傾きの線にのみ反応する神経……（図1）。

これはいったい何を意味し

図1

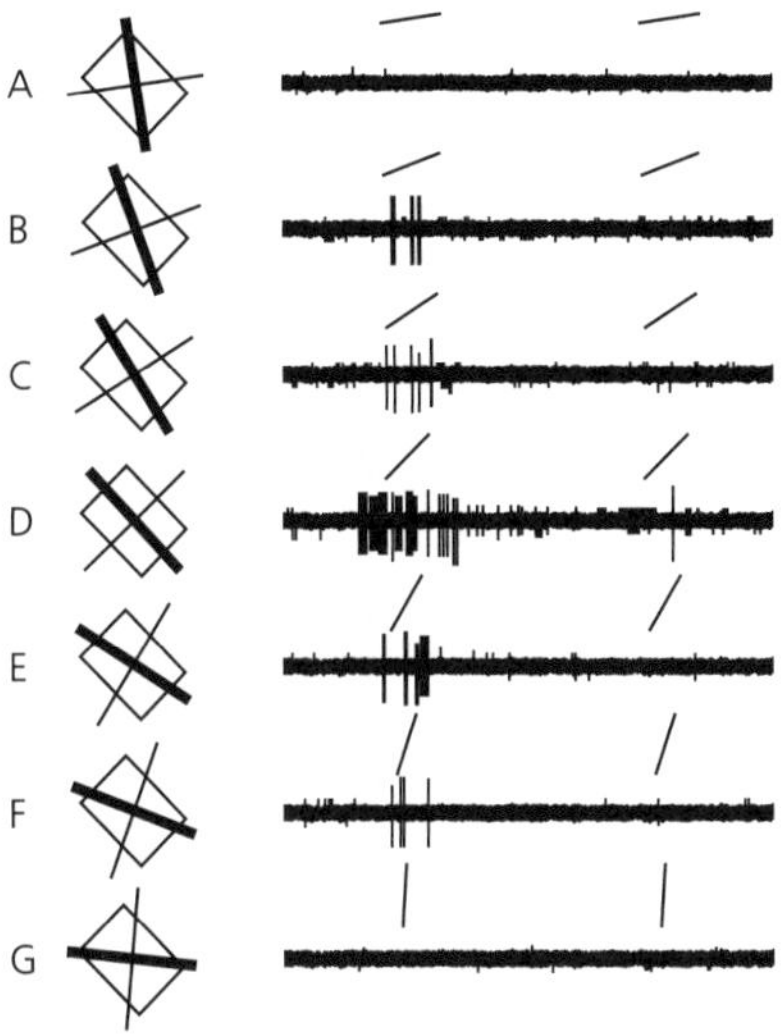

ガラス板の傾き（図左）と、それを見たネコの神経細胞の反応（図右）

出典:Hubel&Wiesel,J.Physiol.195,215,-243,1968

ているのか。それは脳が世界をどのように解読しているか、そのヒントを示しているのだ。

コード化された情報

眼の仕組みはしばしばカメラのメカニズムにたとえられる。カメラのフィルムに当たるのが網膜である。デジタルカメラならイメージセンサーである。デジタルカメラの性能は、ここに光を検出する素子がいくつ並んでいるかによって決まる。いわゆる画素数だ。画素数が多ければ多いほど、解像度が上がる。ちょうどカメラのレンズを通して撮影された風景が、どれくらい細かい格子の方眼紙に写し取られるか、ということと同じである。方眼紙の一つひとつの格子に世界の一部が切り取られて投影されているのだ。

私たちの眼底に広がる網膜には約一億個の視細胞が敷き詰められている。だから、デジタルカメラでいえば、ヒトの眼は画素数一億のイメージセンサーを持っていることになる。ただし、一億のイメージセンサー（＝視細胞で得られた情報）は、細胞ひとつにつき、一本の神経細胞で脳に送られているわけではない。網膜の情報を受け取って脳の奥へ送る神経細胞（正確には網膜神経節細胞）の数はおよそ一二〇万から一五〇万とされている。つまり、平均すると視細胞一〇〇個ほどが集めた情報をひとつの神経細胞が受け取って脳へ送っている。ヒューベルとウィーゼルがミクロ電極によって信号を検出したのも、このような神経細胞の電線の一端の発火だった。

さて、ならばヒトの眼は、およそ画素数一億のセンサーが検出した光情報を、格子が一五〇万個ほどの方眼に切り分けて、ユニットごとの情報として脳に送っているのだろうか。それはまったく違う。ヒューベルとウィーゼルが明らかにしたのは——デ・コードしたのは——まさにそのことだった。

私たち自身でさえ、自分の眼が捉えた映像は、そのまま写真のシャッターを切るように網膜に写り込み、それが脳内に投影されることによって、ありのままの世界が見えていると思っている。でもそれは事実ではないのだ。

画素数一億のセンサーが捉えた情報が、一五〇万個ほどの神経細胞によって受け取られ、それが脳の奥へ伝えられる。これはその通りなのだが、一五〇万個の神経細胞は、平等に写像を切り分けているわけではなかった。ヒューベルとウィーゼルが最初に発見したのは、写像のうち、ある一定の傾きを持つ線だけに反応している神経細胞がある、という事実だ。

その後、別の傾きにだけ反応する神経細胞、特定の方向への動きにだけ反応する神経細胞、明暗のエッジに強く反応する神経細胞など、さまざまな反応特性を持った神経細胞が存在することが次々と判明していった。

つまり、私たちの脳は、画素数一億のセンサーが捉えたフラットな光情報の中から、特別な性質をいちいち選択的に抽出して捉えている。すなわち脳は、眼に映った映像を一旦徹底的にバラしているのだ。普段私たちがまったく意識しない特殊な方法によって、それを脳内でもう一度統合して「世界」を見ているのである。

数学にフーリエ変換というものがある。数式を出すと途端に難解になってしまうが、ごく定性的にいえば、複雑に変動する波動（たとえば音楽）を定まった振幅と周波数を持つ正弦波と余弦波の和に変換する操作のことである。

たとえば図2のような波動は、図3の波動の和として表現できる。これがフーリエ変換である。さらに簡単にいえば、アナログの動きを周波数や振幅といった値の集合であるデジタルの和として表現しようとする数学的な操作のことである。

フーリエ変換は画像のようなアナログ情報にも適用できる（三二ページ図4参照）。

図2

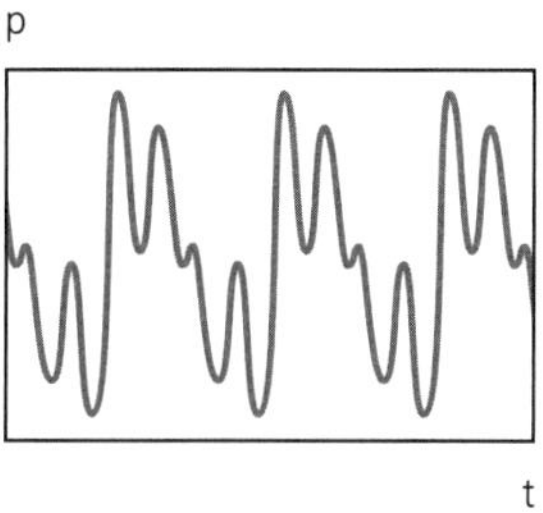

図3

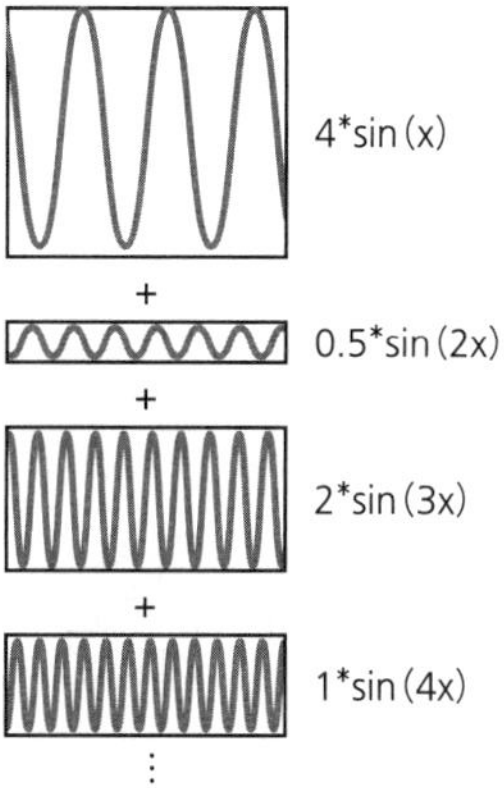

フーリエ変換の一例。図2の波形を周波数の異なる正弦波の和に変換すると図3になる

出典:MetaArt:フーリエ変換の本質（http://iphone.moo.jp/app/?p=374）

脳が視覚情報に対して行っていることは、正確にはフーリエ変換そのものではないとしても、フーリエ変換的な、アナログからデジタルへのコード化である。アナログ情報の中から、一定の法則性を持つデジタル情報（たとえば線分の傾き）をいちいち抽出し、それを電気信号として脳に送出している。脳ではそのデジタル情報を選択あるいは強化しながら、世界を再構成しているのだ。別の言い方をすれば、コード化された情報をデ・コード（解読）して世界を表現しているのだ。

さて、眼が視覚情報をデジタル的な情報にコード化し、それを脳が再統合しているとして、それはいったいどのようにデ・コードさ

図4

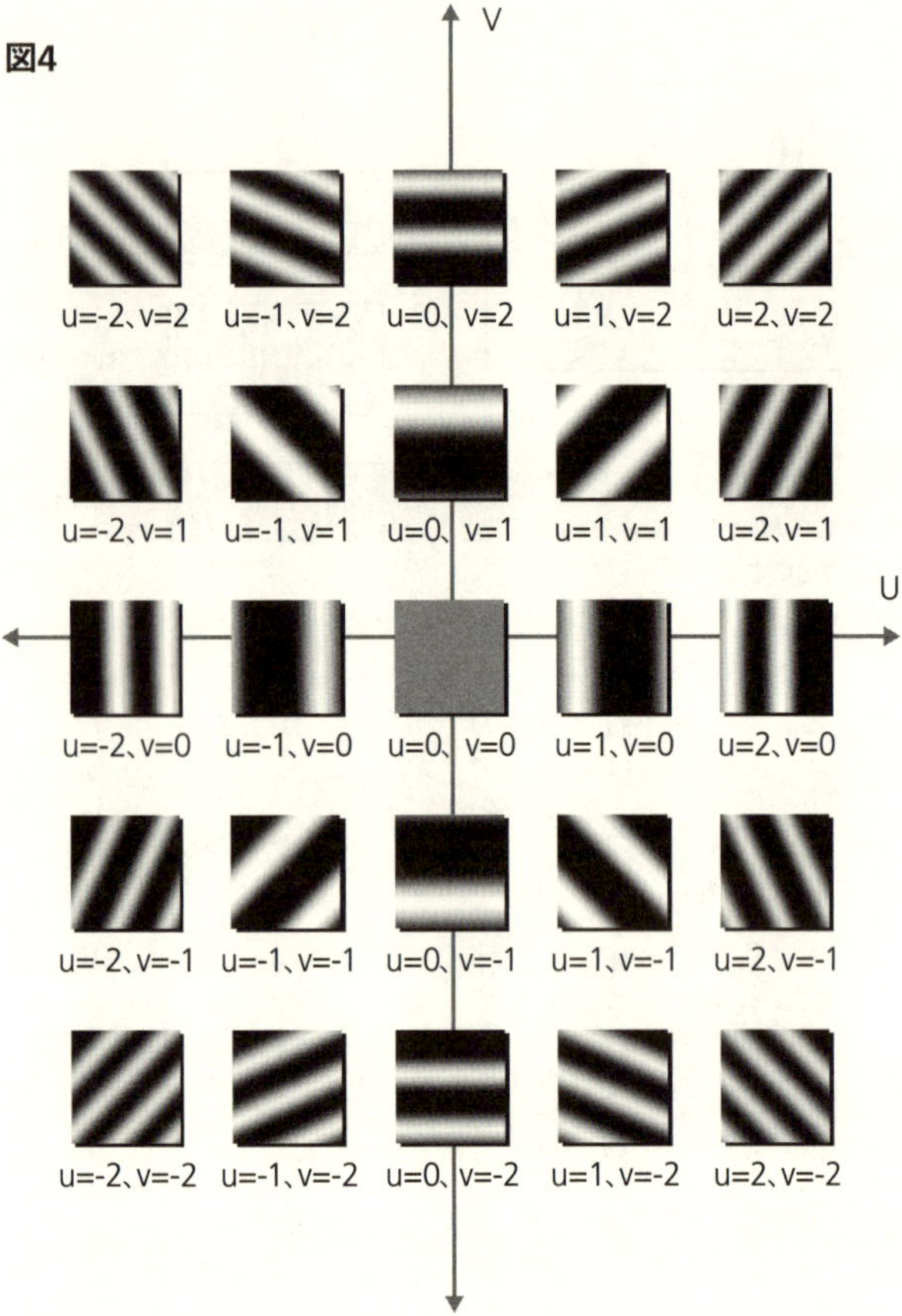

画像データを2次元の信号としてフーリエ変換した場合の一例。異なる要素を重ね合わせることによって、任意の画像データをつくることができる

出典:Fourier Transform 2D (http://cs.haifa.ac.il/hagit/courses/ip/Lectures/Ip09_FFT2D.pdf)
Courtesy of Prof.Hagit Hel-Or

図5　大脳皮質の視覚野の構造

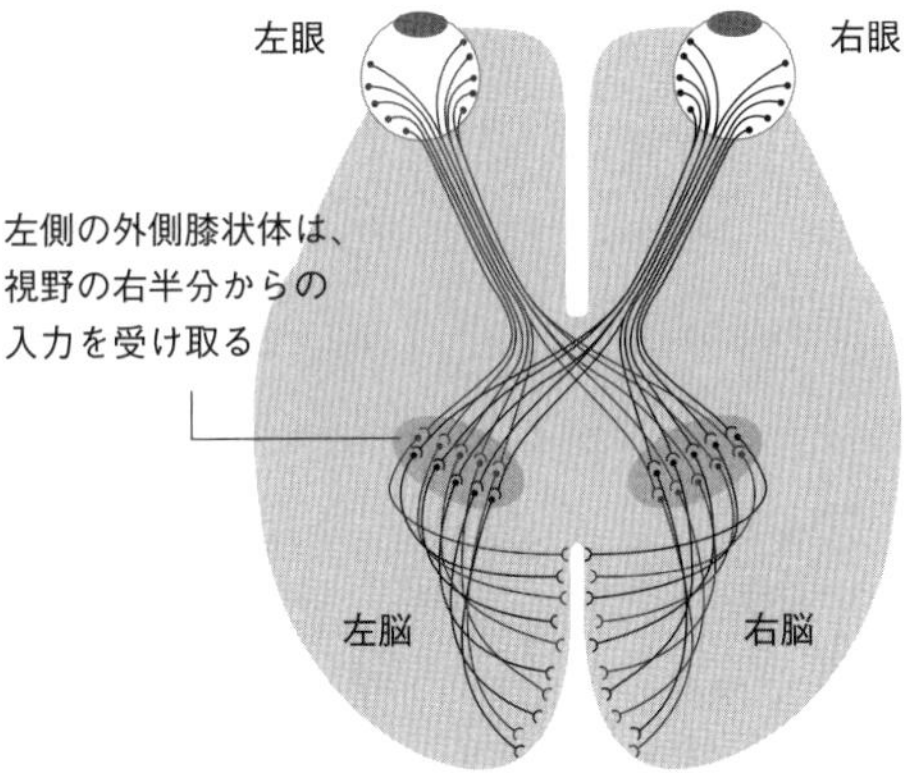

出典:© 1983 from Molecular Biology of the Cell, 1st ed.by Alberts et al.
Reproduced by permission of Garland Science/Taylor & Francis LLC.

れているのだろうか。ヒューベルとウィーゼルはこの疑問の解明に突き進んでいった。

ヒト（あるいはネコやサル）のように顔の正面に両眼がついている動物は、右眼、左眼が捉えた情報を、それぞれ分解して右脳と左脳に送り込んでいる。これは視神経の走行を解剖学的に調べることによって概要が解明されていた。しかしそれは、右眼→左脳、左眼→右脳、という単純なものではなかった。

両眼の眼底にある網膜の左側（レンズを通して像は逆転するから視野の右側）で得られた情報はすべて脳の左側に中継される。右側についてはその逆に中継される（図5）。

ヒューベルとウィーゼルは、サルの片眼に

放射性プロリン（アミノ酸のひとつ）を注入した。放射性プロリンは眼底から視神経を介して運ばれ、一〇日ほどかけて大脳の後ろ側にある視覚野まで運ばれる。視覚野の皮質を表面に平行に薄い切片にして、オートラジオグラフィーを行う。オートラジオグラフィーとはX線フィルムを使った現像のことで、放射性プロリンのある場所がわかる。放射活性によって感光したX線フィルム上の銀粒子は、暗視野顕微鏡で観察すると、暗い背景の下で明るく浮かび上がって見える。

ヒューベルとウィーゼルはここでも驚くべき光景を目の当たりにした。くっきりした縞模様が見えたのだ（図6）。

視覚野は、ミルフィーユのような階層構造をとっていたのである。その幅はおよそ〇・四ミリ。一方の眼から入力された情報と他方の眼から入力された情報は、互い違いに、脳内の異なる場所に——まるでハードディスク内の連続したアドレスに交互分配されるように——きちんと格納されていたのだ。この階層構造は、たとえば右脳の視覚野では、右眼の左側一番地、左眼の左側一番地、右眼の左側二番地、左眼の左側二番地……というふうに並んでいるということである。左脳の視覚野ではこの逆になる。ここでも視覚というア

図6　正常なサルの視覚野

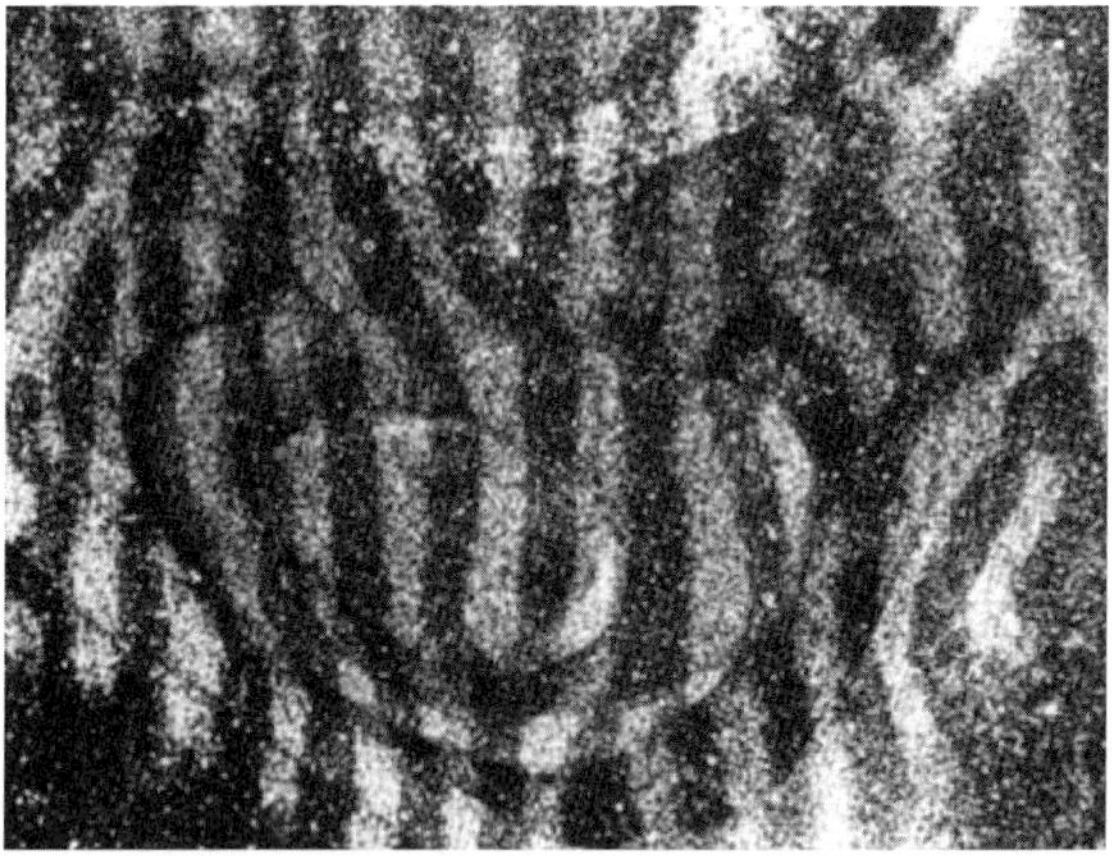

図7　片目の視覚経験を奪われたサルの視覚野

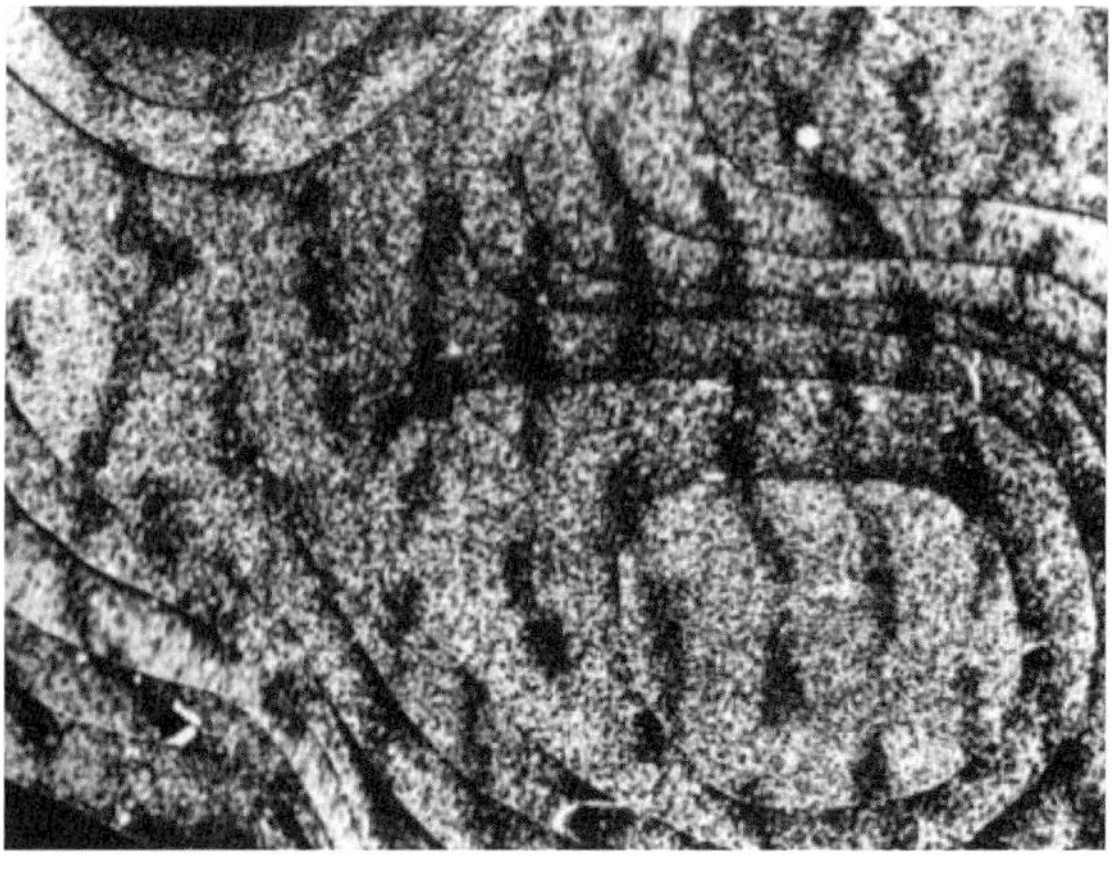

出典:D.H. Hubel, T.N. Wiesel and S. Le Vay, Philos. Trans. R. Soc. Lond. B. Biol. Sci. 278:377-409,1977

ナログ情報が、脳内ではデジタル化ののち整理されていることがわかったのである。

黄金の日々

脳梗塞の後遺症として「半側空間無視」という症状がある。多くの場合、大脳右半球に障害が発生し、その結果、左側の半側空間無視が起こる。患者に見たものの絵を描いてもらうと、左側が欠けた絵となる。それは脳の情報処理の場所がこのように幾何学的に局在していることによる。

しかしヒューベルとウィーゼルを本当に驚かせたのは、脳内のミルフィーユ構造そのものではなかった。彼らを驚愕させたのは、ミルフィーユ構造が、環境に応じて変化し得るという発見であった。

生後すぐの頃は、両眼からの投射は重なり合っていて明確なミルフィーユ構造はまだ形成されていない。その後、数週間のあいだに、投射は分かれて縞模様となり、ミルフィーユ構造が出現してくる。つまり最初、ニューロンとシナプスの分布は過剰に形成されていて、それが視覚情報の入力に応じて整理され、余ったものは除かれてしまうのだ。

ヒューベルとウィーゼルは、生後三週目の二頭のサルを使って次のような比較実験を行った。この月齢では、すでに脳内のミルフィーユ構造は完成し、左と右の情報が階層構造をもって整理されるようになっている。一頭は正常に飼育するが、もう一頭は次の数週間片眼を覆ってしまう。この時期、眼の感受性は極めて高く、このように片眼を覆って使えないようにすると、その眼は失明するか失明に近い状態になってしまう。これは脳内のミルフィーユ構造にどのように反映されているだろうか。

それぞれのサルの眼に放射性プロリンを注入し、数日経過した後、この標識が脳に運ばれてから視覚野の皮質の切片試料をとる。正常なサルの大脳皮質の視覚野のオートラジオグラフィーでは、約〇・四ミリ幅のミルフィーユ構造がきれいに出現した。一方、片眼の視覚経験を奪われたサルには、驚くべき変化が生じていた。目隠しされていたほうの眼から投射されるミルフィーユの層は小さく縮んでほとんど幅がなくなってしまっていた（三五ページ図7参照）。つまり神経細胞とシナプスが消滅してしまっていた。他方、覆われていなかったほうの眼から投射されるミルフィーユの層はその分、大きく拡大し、幅が〇・八ミリ近くまで広がっていた。つまり、活動している神経細胞のほうはシナプス形成を活性化させ、失われた領域を補完するように、動的に変化することがわかったのだった。

ヒューベルとウィーゼルは一九八一年、ノーベル生理学・医学賞に輝いた。その受賞記念講演で、ヒューベルは主に、視覚情報がデジタル的にコード化されていることについて、ウィーゼルは、視覚情報が脳内でいかに動的な可変性をもって処理されているかについて、それぞれの発見を相補するかのような見事な講演を行って満場の拍手を受けた。

「それはまさに黄金の日々だった。まるで色とりどりの毛糸が高速で回る毛糸玉に巻き取られていく様子をずっと眺めているような、そんなきらきらした日々だった。それらの時間はまぎれもなく私たちにとっての宝物であり続けたし、何物にも代えがたい瞬間だった」

一九七〇年代のあるとき、ヒューベルとウィーゼルはそろって日本を訪問した。その際、日本の若手研究者を中心に二〇人ほどが集まり、東京近郊の海辺で二人を囲んで研究セミナーが行われたことがある。外国語の習得が趣味でもあったヒューベルは、さっそく学びたてのブロークン・ジャパニーズを織り交ぜながら講義を行ってすっかり聴衆を魅了してしまった。

このセミナーに参加した研究者の中には、今、日本の研究の世界で重鎮になっている人たちが何人もいる。

ウィーゼルは最後にこんなふうに語っている。

「そう、何年にもわたって私たちは発見することの本当の驚きと興奮を経験した。これまで誰も知り得なかったことを知ること。自然界に隠された謎を解き明かすというこの仕事は、そろそろ次の世代に引き継がれるべきときがきた」

ヒューベル・ウィーゼルの仕事は、ワトソン・クリックに勝るとも劣らぬ二〇世紀最大のパラダイム・シフトのひとつであるといえる。遺伝情報がどのようにタンパク質をコード化しているかということよりも、脳がどのように世界をコード化しているかという発見のほうが大きかったとさえいえる。脳は、この世界を思いもよらぬやり方で――まるでフーリエ変換のように――捉えていたのだ。脳が行っていることを考えるのに、同じ脳が〝思いもよらぬ〟やり方をとる、というのは限りなく逆説的ではあるが……。

ではウィーゼルがいうところの、次の世代に引き継がれるべき課題とは何か。

二〇〇三年にヒト・ゲノムの解読が完了してしまうと、もう「新しい遺伝子を見つけ出した」という従来の新発見のパターンは成り立たなくなった。脳の神経回路についてもそのハードワイア（配線回路図）自体はほぼ調べ尽くされた。最近では、オプトジェネティクス（細い光線を使って選択的にニューロンを活性化したり、不活性化したりする方法）やCre-loxP（遺伝子のオン・オフを人為的に制御する方法）によって、ある行動や現象に関わるニューロンを特定する研究が盛んに行われている。これも、ニューロンのハードワイアの精密な解析であり——星をつないで星座を描くようなこと——あえていうならば基本的には、ヒューベルとウィーゼルのパラダイムの反復にすぎない。

脳科学の次の課題は、ニューロンの活動がある集団（クラスター）のあいだで、いかに同調・共振しているのか、それがどのようにしてマクロなアウトプットと結びつくのか、という問題をデ・コードすることである。視覚野のカラムは○・四ミリおきに右眼と左眼でミルフィーユ構造をとっている。一方、私たちの脳はそれらの情報を同時的に統合して世界を見ている。○・四ミリの幅は神経細胞にとっては何十、何百シナプスにも相当する長距離だ。ヒューベルとウィーゼルは確かに、○・四ミリの中のたった一本の神経の発火の頻度が、外界のある特定の性質を抽出していることを明らかにした。しかしそれはあくまでもそれぞれ単一のニューロンがしていることにすぎない。

いったい脳はこれらの情報をどのようにして瞬時にまとめあげているのだろうか。もしかすると、先のフーリエ変換のような「思いもよらぬやり方」がとられているのかもしれない。たとえば、ふたつの離れた場所にある独立した物質同士が作用し合う現象を説明する「量子論」という理論は、本来、脳化学の分野とは相容れないものだが、もしもこの先の研究でニューロン同士が量子論的に作用し合っている事実が解明されれば、その定説は簡単に覆ってしまう。量子論的に脳を解明する、という時代が来る可能性さえもゼロではないのだ。

次のパラダイムは誰にも予測できない。誰もが統合を求めつつ、実際には大いなる混沌の中をあてどなくさまよっているだけなのだ。ウィーゼルでさえ、この先を見通すことはできないだろう。

縁の下の力持ち、エイブリー

「アンサング・ヒーロー」という言葉が好きだ。謳われることなきヒーロー。日本語ではさしずめ「縁の下の力持ち」とでもなるだろうか。しかし、本当のアンサング・ヒーローは、孤独と悲しい影を帯びている。

序章で少しだけ触れたオズワルド・エイブリーも、そんなの不遇の科学者のひとりだ。WC元年。すなわちワトソンとクリックがDNAの二重らせん構造を解明した一九五三年春のほんの少し前までは、DNAが遺伝物質の本体であるかどうかすら、議論のただ中だった時代があった。DNAのような、単純な構成単位からなるどろりとした単なる酸性物質が複雑な遺伝情報など担えるはずがない。遺伝物質はタンパク質のような複雑な物質であるに違いない。そう信じて疑わない科学者が学界の大半を占めていた時代があったのだ。

ロックフェラー大学に古くから所属している研究者にエイブリーのことを語らせると、そこには不思議な熱がこもる。誰もがエイブリーにノーベル賞が与えられなかったことを科学史上最も不当なことだと語り、ワトソンとクリックはエイブリーの肩に乗った不遜な子どもたちにすぎないという意見も少なくない。皆がエイブリーを自分に引き寄せて、自分だけのヒーローにしたがる。一種の判官びいき的な心情がそこにある。

ロックフェラー大学構内のあまり人目に触れない一角には、エイブリーを讃える記念碑

エイブリーを讃える記念碑

があり、そこには、こう記されている。

オズワルド・セオドア・エイブリー
（一八七七―一九五五）
一九一三年から一九四八年までロックフェラー医学研究所所員であった。感謝の気持ちを込めてこの記念碑をおくる。友人、同僚たちより。

まぎれもなく、ロックフェラー大学の人々にとってエイブリーこそがアンサング・ヒーローなのである。

エイブリーは一八七七年にカナダで生まれた。父は仕事熱心な牧師で、エイブリーが一

○歳のときに家族でニューヨークに移った。その頃、彼は父に従って教会に通っており、聖歌のためにトランペットを吹いていたそうだ。やがてコロンビア大学に入学すると、医学の道に進んだ。エイブリーが科学研究を始めたのは一九一三年、ロックフェラー医学研究所に勤務してからのことだった。このときエイブリーは三〇台半ば過ぎ。研究者としてはかなり遅いスタートだった。

彼は研究所から徒歩で一〇分ほどのアパートに住んでいた。朝九時頃、研究所に出勤し、ホスピタル棟六階の研究室で一日中、研究にいそしむ。夜には寄り道などせずにまっすぐアパートに戻るという規則正しい生活を生涯にわたって維持した。学会出張や講演旅行などはほとんどせず、ニューヨークから外に出ることもなく生涯独身を通した。

エイブリーの研究テーマは肺炎双球菌の形質転換というものだった。

エイブリーがロックフェラー医学研究所に勤務し始めた頃、肺炎にかかって多数の人が死んでいた。治療法もまったくわかっていなかった。医者たちも、患者がなんとか病気に打ち勝って自然に回復するのを祈るしかすべがなかったのである。

肺炎双球菌は肺炎の病原体だ。これは単細胞微生物であり、通常の光学顕微鏡でも観察できる。この菌にはいくつかのタイプがあるが、大別すれば、強い病原性を持つS型と、病原性を持たないR型になる。S型からはS型の菌が、R型からはR型の菌が分裂によって増える。つまり菌の性質は遺伝している。

エイブリーに先行する研究者として、イギリスのフレデリック・グリフィスがいた。グリフィスは奇妙なことに気がついていた。病原性のあるS型の菌を加熱によって殺す。これを実験動物に注射しても肺炎は発症しない。菌が死んでいるから当然のことである。一方、病原性のないR型の菌を実験動物に注射しても肺炎は発症しない。菌は生きているが病原性を持たないので、これまた当然である。しかし、死んでいるS型菌と生きているR型菌を混ぜて実験動物に注射すると、なんと肺炎が発症し、動物の体内からは、生きているS型菌が発見されることがあるのだ。これはいったい何を意味するのだろうか。S型菌はたとえ死んでいても、R型菌に対して何らかの作用をもたらし、R型菌をS型菌に変える能力を持つ、ということである。グリフィス自身は、この現象がどのようなものか具体的に解明することまではできなかった。

エイブリーはこの不思議な現象の原因を突き止めようと考えた。S型菌をすりつぶして殺し、菌体から抽出した液を取り出す。それをR型菌に混ぜるとR型菌はS型菌に変化する。エイブリーは、菌の性質を変え得るのは抽出液中のいったい何であるのか、その化学的実体を究明しようと考えたのだ。菌の性質を非病原性R型から病原性S型に変える物質。それはとりもなおさず「遺伝子」のことである。彼は遺伝子の化学的本体を見極めるという生物学史上最も重要な課題に挑戦しようとしたのだ。

しかし慎重で控えめなエイブリーはこの物質を遺伝子とは呼ばず、形質転換物質と呼んでいた。当時、すでに遺伝子の存在とその化学的本体について多くの予測がなされていた。遺伝子は生物の姿形・特性に関する大量の情報を担っている。したがって極めて複雑な高分子構造を持っているはずである。細胞に含まれる高分子のうち、一番複雑なのはタンパク質だ。だから遺伝子は特殊なタンパク質であるに違いない。これが当時の常識だった。

エイブリーももちろんそのことを知っていた。しかし、彼の実験データが示している事実は、遺伝子がタンパク質であるという予測とは違っていた。エイブリーはS型菌からさまざまな物質を取り出し、どんな成分がR型菌をS型菌に変化させるか、しらみつぶしに検討していった。その結果、残った候補は、S型菌体に含まれていた酸性の物質、核酸、すなわちＤＮＡであった。

核酸は高分子ではあるけれど、四種の構成単位だけを持つある意味で単純な物質だった。だからそこに複雑な情報が含まれているなどとは誰も考えていなかった。

ここに二〇世紀の生命科学が成し遂げた大きなパラダイム・シフトの契機が隠されていた。

控えめな推論

二〇世紀、生命科学の最も劇的な変革は、生物を単なる個物として考えるのではなく、情報の流れだと捉え直したことにある。外界からの情報を取り入れて適切な応答をすることが、生きているということである。そのために視覚映像はどのように取り入れられ、どのように処理されるのか。脳における視覚情報のコード化とデ・コード化の問題には、先に見たように、ヒューベルとウィーゼルによって大きなパラダイム・シフトがもたらされた。

これと並行して起きたのが、遺伝情報がどこに・どのように格納されているのか（コード化）と、いかにしてその情報が発現してくるのか（デ・コード化）という生命科学の革命だった。

その端緒を切り開いたのが、まぎれもなくロックフェラー医学研究所のエイブリーだった。

今日の私たちは、たとえ0と1という二種の数字だけからでも、複雑な情報が記述でき、むしろそのほうがコンピューターを高速・正確に動かすには好都合だということを知っている。しかし、当時、情報のコード化についてそのように考えられる研究者は、少なくとも生物学者にはいなかった。エイブリーさえも自分の実験結果に半信半疑であった。何度も実験を繰り返し、いろいろな角度から再検討を行った。しかし、結果はただひとつのことを示していた。遺伝子の本体はＤＮＡである。

ＤＮＡは長い紐のような物質である。紐をつぶさに見ると四種の構成要素、ＡとＣとＧとＴで表される塩基という物質が連なっており、いわば数珠（じゅず）状の構造をしている。いくらＤＮＡが巨大な紐であり、そこに何万ものＡとＣとＧとＴが連なっているとしても、これはいってみればうどの大木であって、精妙な情報を担っているとは到底考えがたい。ＤＮ

Aは所詮、細胞内の構造を支えるロープのような、建設資材程度の役割しかないのではないか、そう思われていたのである。エイブリーも最初はそう考えていた。

細胞からDNAを取り出すことは簡単である。細胞を包んでいる膜をアルカリ溶液で溶かし、上澄み液を中和して塩とアルコールを加えると、試験管内に白い糸状の物質が現れる。これがDNAだ。ガラスの棒でこの物質をからめ取れば、DNAを抽出したことになる。

肺炎双球菌の一タイプであるS型菌（病原型）から、DNAを抽出し、これをR型菌（非病原型）と一緒に混ぜ合わせる。DNAのごく一部はR型菌の菌体内部に取り込まれる。すると、R型菌はS型菌に変化し、肺炎を引き起こすようになったのだ。つまり、DNAという物質は確かに生命の形質を転換する働きがある。

しかし、これには問題が潜んでいた。S型菌のDNAは、何万種類ものミクロな構成単位からなる生きた細胞から取り出してきたものである。ガラス棒にからまりついた白い糸状のものは確かにDNAである。しかし、そこにあるのは純粋なDNAだけではない。DNAに付着しているさまざまなタンパク質や膜成分が一緒に存在しているはずである。菌の性質を変える形質転換作用は、ＤＮＡそのものがもたらしているのではなく、そこに微量混入している別の物質に起因しているのかもしれない。潜在的な混入物のことを「コンタミネーション」と呼ぶ。コンタミネーションは生命科学における厄介な課題である。コンタミネーションの可能性を排除するために、エイブリーはあらゆる努力をして不純物を取り除き、ＤＮＡを可能な限り純化しなければならなかった。

エイブリーは自分の研究成果を誇示したり、ことさら外に向かって宣伝したりするようなことは一切しなかった。ただ一歩一歩、得られたデータから導かれる控えめな推論を記述した論文を発表していった。それらは当時、彼の所属するロックフェラー医学研究所が発刊していた、『ジャーナル・オブ・イクスペリメンタル・メディスン（実験医学会雑誌）』という専門誌に掲載された。

批判者の攻撃

エイブリーは謙虚だったが、その批判者たちは容赦なかった。形質転換物質、つまり遺伝子の本体がＤＮＡであることを示唆するエイブリーのデータに最も辛辣な攻撃を与えたのは、なんと同じロックフェラー医学研究所の同僚、アルフレッド・ミルスキーだった。

彼は執拗に、コンタミネーションの可能性を指摘した。形質転換をもたらしているのは、DNAではなく、エイブリーの実験試料に含まれている微量のタンパク質の作用にほかならないと。DNAのような単純な構成の物質に遺伝情報が担えるはずがなく、遺伝子の本体はタンパク質であるはずだと。彼はある意味で当時の常識に忠実な伝統的科学者だったのである。

研究者仲間から、それもよりによって同じ研究所の所員から激しい攻撃を受けたエイブリーの心中は穏やかではなかった。しかし表立った論争や対立を好まない彼は、ただ地道にDNAを純化して形質転換を実証することに全力を傾けた。

試料のDNAには傷をつけずに、そこに混入しているタンパク質だけを取り除くにはどうすればよいだろうか。方法のひとつは、タンパク質分解酵素を利用することである。タンパク質分解酵素で試料を処理すると、酵素は特異的にタンパク質だけに作用して、それを破壊するが、DNAには作用しない。この処理の後、なお試料に形質転換作用が残っていれば、やはりDNAが形質転換物質だといえる。答えは、YESだった。

逆に、今度は、ＤＮＡ分解酵素で試料を処理すればどうだろう。この酵素は、ＤＮＡにのみ作用して、それを分解する。しかし、試料中のタンパク質には作用しない。だからＤＮＡ分解酵素で処理した試料から形質転換物質が消えれば、形質転換物質はやはりＤＮＡだということになり、形質転換作用が消えなければ、試料中のＤＮＡ以外の物質が形質転換物質ということになる。実験結果は、前者だった。すなわち、ＤＮＡ分解酵素によって形質転換作用は消失したのだ。

このような追究を詰めていっても、批判者の攻撃はなかなか弱まらなかった。タンパク質分解酵素の処理で、形質転換作用が消えないのは、遺伝子として機能しているタンパク質がその酵素作用に抵抗性を示す種類のものだからであるといった反論や、ＤＮＡ分解酵素によって形質転換作用が消失するのは、その酵素自体に、タンパク質分解酵素が混入しているからかもしれない、というのだ。

エイブリーの論文を繙(ひもと)くと、自分の仮説を検証するため実にさまざまな工夫を凝らしていた過程を読み取ることができる。

エイブリーがロックフェラー医学研究所のホスピタル棟六階の研究室で、肺炎双球菌の形質転換実験に邁進していたのは一九四〇年代初頭から半ばで、彼はすでに六〇歳を超えていた。ワトソンとクリックの発見に先立つこと数年から一〇年ほど前のことだった。エイブリーは、最後まで極めて慎重な論調の論文を書き、一九四八年、ロックフェラー医学研究所を退職した。生涯独身を通したエイブリーは、テネシー州ナッシュビルにいた弟のところへ身を寄せ、余生を過ごした。彼はここでワトソンとクリックのDNA論文のことを知ったはずである。一九五五年没。

かくして時間は、エイブリーが正しく、ミルスキーは間違っていたことを明らかにした。エイブリーを攻撃したミルスキーは、奇しくも私が今、在籍している研究室のブルース・マキューーアン教授の師に当たる人だ。

ミルスキーは、DNAをめぐる論争ではエイブリーに負けたのだが、もちろんその事実を受け入れつつ、新たな地平を開いた。彼は、DNAと挙動をともにするタンパク質——もともと遺伝子の本体であると彼が考えていたタンパク質——ヒストンの研究を行った。

DNAの二重らせん構造における「二重」の意味は、相補性による情報の担保であることは先に述べた。

一方、DNA鎖の対がさらにらせん構造をとっていることについては、細胞内の狭い空間にいかにコンパクトに長大なDNAを格納するかという難問に、自然が見事に答えた唯一解だった。このとき、糸巻きのようにDNAを巻きつけるためのタンパク質としてヒストンがある。

DNAに書き留められた情報――コード化された遺伝情報――が、実際に作用を発揮するためには――デ・コード化され発現するためには――DNAが糸巻きからほどかれ、情報が読み出されなければならない。よく使われる部位の情報は頻繁にほどかれ、発生の一時期にだけ特異的に発現する情報は簡単にはほどかれないよう、きちんと管理されていなければならない。分化した細胞がそれぞれ専門的な仕事をなすためにも、遺伝子ごとのスイッチが正しくオン・オフされる必要がある。

ミルスキーは、DNA結合タンパク質であるヒストンの状態と、遺伝子スイッチのオン・オフが関係するのではないかという問題について、一九五〇～六〇年代に早くも示唆的な洞察を行っているのだ。私の先生であるマキューアン教授も、ミルスキーがこのことについて講義やセミナーで熱く語っていたことを記憶しているという。

この先駆的な洞察は今日、二一世紀の生命科学界で最もホットな話題として大きな展開を見せている。これはエピジェネティクスという。エピとは、「外側」を意味する接頭辞。DNAそのものではなくその外部に、遺伝（ジェネティクス）を制御する要因があると考えるのが、エピジェネティクスである。環境の要因がどのように遺伝情報に刷り込まれていくか、あるいは細胞が分化する際、どのようなエピジェネティックな変化が起きているのか。ES細胞やiPS細胞では、エピジェネティックな変化がいかに初期化されているのか。このようなテーマはいずれも非常に注目を集める研究分野となっていて、その中心は、ミルスキーが言及したように、ヒストンタンパク質に起こる化学変化なのである。

仮説の立証と反証、論争と競争を繰り返しながら展開する生命科学のビビッドな流れがここにある。

パラーディの武器

ジョージ・パラーディの話をしたい。

一九六〇年代から七〇年代にかけて、ロックフェラー大学は細胞生物学の世界的な中心であり続けた。その立役者がジョージ・パラーディである。彼はルーマニア出身の研究者で、俳優のマルチェロ・マストロヤンニを思わせる渋みのある風貌をしている。黒々とした髪はいつもつややかに撫でつけられていた。

パラーディが取り組んだ課題は「分泌」という現象である。細胞の内部で作られたタンパク質は、どのような経路で細胞の外に出るか。これを〝可視化〟しようというものだった。

これが、タンパク質の内部にコード化された情報を読み解くという、大きな細胞生物学の分野を切り開くことになる。

パラーディがこの研究のために選んだのは、膵臓の消化酵素産生細胞だった。

膵臓の消化酵素産生細胞は、パラーディにとって恰好のモデル細胞だった。これは膵臓の全細胞のうち約九五パーセントを占める。残りの五パーセントがインシュリンなどのホルモンを内分泌する細胞である。つまり膵臓はほぼ消化酵素産生細胞の塊といってよい。それだけ消化酵素を作り出すのは大仕事なのである。

この細胞は、毎日毎日、大量の消化酵素タンパク質を合成し、それを消化管へ分泌している。その生産量は、泌乳期の乳腺（哺乳動物の乳を生産する細胞組織）をも凌駕する。つまり膵臓の消化酵素産生細胞は、体の中で最も特化した分泌専門細胞なのである。食物の消化を行うことがいかに重要で、かつ重大な工程であるかを如実に示している。

パラーディの武器は二つあった。ひとつは電子顕微鏡である。この顕微鏡の超高倍率を使えば、細胞ひとつを視野いっぱいに捉えることが可能となり、その中の微細構造も手に取るようにわかる。問題は、この中をタンパク質がどのように流れているかを知る手立てであった。

パラーディのもうひとつの武器が放射性同位体アミノ酸を使ってタンパク質を標識することだった。

彼は実験動物の膵臓を摘出し、それを温かい培養液の中に入れた。酸素と栄養が供給されていれば膵臓の細胞はそのまましばらく生き続け、消化酵素を合成、分泌し続ける。この培養液の中に、微弱な放射線を発する放射性同位体アミノ酸を添加する。アミノ酸は細胞内に取り込まれ、消化酵素タンパク質を合成する材料となる。すると今度は、消化酵素タンパク質から放射線が発せられることになる。

パラーディの実験の妙は、放射性同位体アミノ酸を加えるタイミングをほんの一瞬に限った、というところにある。一瞬とは実際の実験でいえば五分程度のこと。五分後、培養液は新しいものと交換される。ここにはもはや放射性同位体アミノ酸は含まれていない。細胞自身は、放射性同位体アミノ酸と通常のアミノ酸を区別することはできない。いつもせっせと消化酵素を合成し続ける。したがって五分間だけ放射性同位体アミノ酸を与えるということは、とうとうと流れる大河に対して、ほんの一瞬、色鮮やかなインクを注ぎ込んだのと同じ意味を持つことになる。インクの帯の動きを追跡すれば、大河の流れ行く方向や速度がわかる。たった今合成された消化酵素が細胞の中をどのように移動し、いかにして細胞外に分泌されるかは、この経路を追っていけばよいのだ。

消化酵素を可視化する方法として、次のように巧みなテクニックが用いられた。放射性同位体アミノ酸を一瞬与えられた膵臓の細胞は経時的に、少しずつ培養液から取り出され、化学的に固定化される。この瞬間、細胞は生命活動を停止するが、その形態は保存される。細胞内のタンパク質分子もその場所に釘づけにされる。五分後、一〇分後、二〇分後という具合に、細胞サンプルが取り出される。

これを電子顕微鏡で観察する。その際、細胞のサンプルにX線フィルムが重ね合わせられる。X線フィルムの表面には薄く銀粒子が塗布されている。細胞の特定の場所に、放射性同位体で標識されたタンパク質が存在すれば、そこから発せられる微弱な放射線によってフィルムの銀粒子は黒く変色する（これは、カメラの銀塩写真フィルムの感光の原理とまったく同じである）。つまり細胞とそれを載せたX線フィルムをそのまま同時に電子顕微鏡にセットして観察するというわけだ。すると視野いっぱいに膵臓の細胞が見え、その透明な細胞を通して、下に敷かれたX線フィルム上に黒い点が見える。その場所こそが、タンパク質の存在する地点なのである。

HOWを追い求めて

こうしてパラーディは、ロックフェラー大学の地下室に備えつけられた電子顕微鏡を通して初めて、細胞内タンパク質の交通を明らかにした。標識された消化酵素タンパク質の黒い点は、まず細胞内の小胞体と呼ばれる区画の表面に現れた。ここがタンパク質の合成現場である。アミノ酸が逐次、連結されて、消化酵素が作り出されていく。すると次の時点で奇妙なことが観察された。タンパク質の存在する場所を示す黒い点が、小胞体の内側に移動していたのである。

パラーディは、この移動がもたらす空間変位の意味をたちどころに見抜いた。

ひとつの細胞を、薄い皮膜で覆われたゴム風船のようなものとしてイメージしていただきたい。風船の内側で生命活動が営まれる。しかし実際の細胞の内部は、風船のような完全ながらんどうではない。たとえば、DNAを保持している「核」、エネルギーを生産する「ミトコンドリア」といった区画が存在している。小胞体もそのような区画のひとつである。ちょうどそれは、ゴム風船の内部に存在する別の小さな風船である、と思ってもらえばよい。小胞体もまた細胞と同じ素材の皮膜に覆われて、ゴム風船の内部に浮かんでいる（実際の小胞体はこの内部の風船がさらに複雑にくびれたり、折り畳まれたりしたもので、断面は図8のような層状に見える）。

パラーディの観察によれば、タンパク質の合成は、まずこの小胞体の表面で行われていた。ここでいう表面とは、小さな風船（＝小胞体）の外側、つまり大きな風船（＝細胞）の内側という意味である。

図8　動物細胞の構造

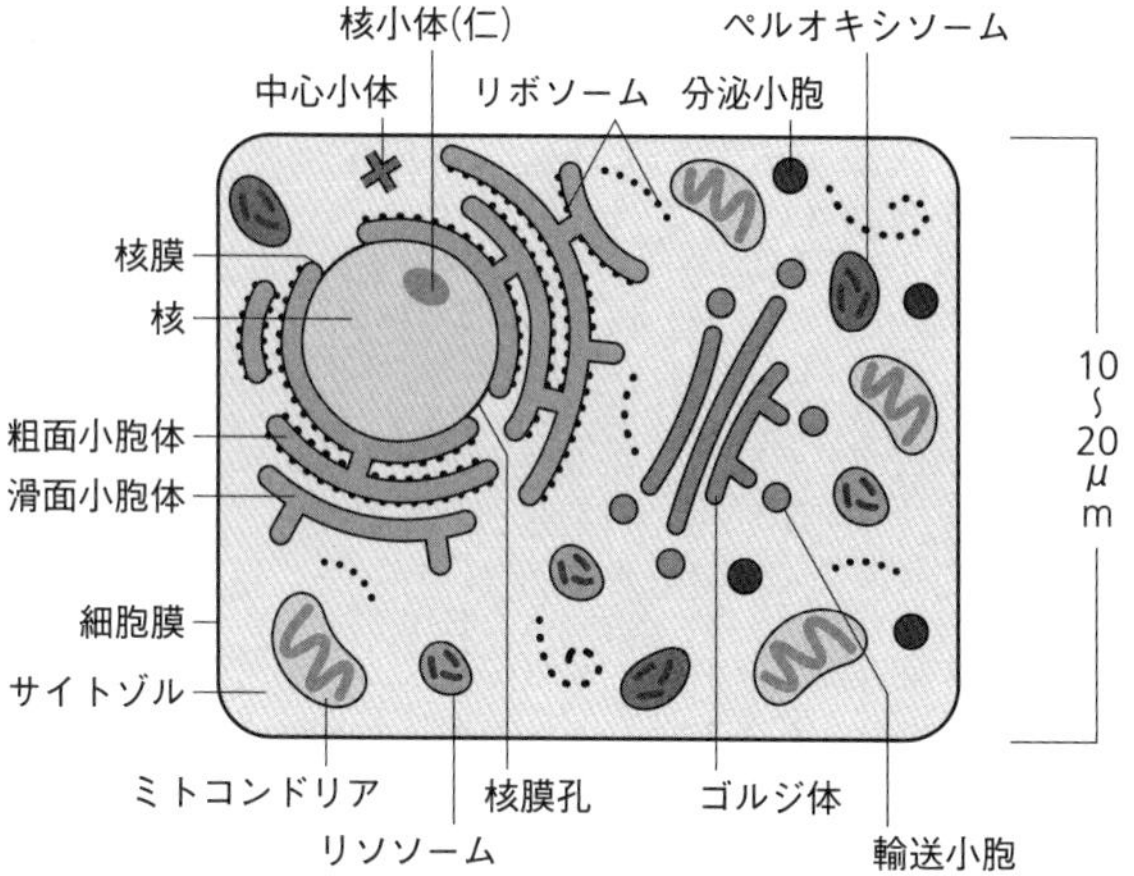

次の瞬間、合成されたタンパク質は、小さな風船（＝小胞体）の内側に移動していた。

このように移動するためには、タンパク質は何らかの方法で、小さな風船（＝小胞体）の皮膜を通過する必要がある。その方法は当時、パラーディにも知るすべがなかった。が、事実として、タンパク質は小胞体の内部に移行していた。小さな風船（＝小胞体）の内部とは、大きな風船（＝細胞）にとっていったい何に当たるのだろうか。それは外側に当たるのである。つまりタンパク質は、小胞体の皮膜を通過してその内部に移行した時点で、空間的には、すでに細胞の外側に存在しているのだ。

もちろん、分泌されるべきタンパク質は小胞体の内部に入っただけでは、まだ実際に細胞の外に出ることはできない。しかし、細胞の外へ放出されるために、タンパク質はもう二度と皮膜（＝細胞膜）を通過する必要がない。それは、続くパラーディの観察によって証明された。

小胞体の内部に入ったタンパク質は、小胞体の膜の一部が剝ぎ取られてできる輸送小胞に包まれてゴルジ体の内部に移行する。続いてゴルジ体の膜の一部が輸送小胞を形成し、タンパク質はこの内部に濃縮されていく。最後に、この小胞は細胞膜のそばまで移動し、小胞の膜と細胞膜の一部が連結して小さな絡路を形成する。それは地図上で見るとちょうど北海道のサロマ湖の一部がオホーツク海とつながっているように、小胞の内部と細胞の外部をつなげる。このような経路を経て、消化酵素タンパク質は細胞内から細胞外へと分泌される。つまり内部の内部は外部であるといえるのだ。

パラーディの研究は、細胞の中で展開するこの動的で精妙な交通をつまびらかにした。一九七四年、ジョージ・パラーディは、〝細胞の構造的・機能的構成に関する発見〟によって、同じくロックフェラー大学の二人の同僚、アルベルト・クラウデ、クリスチャン・

ド・デューブとともにノーベル生理学・医学賞を受賞した。ロックフェラー大学の細胞生物学研究が最も輝いていた時代だった。

消化酵素のように、分泌されるべきタンパク質はいかにして小胞体の内部へ導かれるのか。一方、細胞内の代謝酵素のように、分泌されることなく細胞内にとどまるタンパク質は、どのようにして分泌タンパク質と仕分けされているのか。パラーディが明らかにした分泌経路の謎は新たなHOWを生み出した。これを見事に解いたのが、パラーディの弟子、ギュンター・ブローベルである。ブローベルは、分泌されるべきタンパク質の先頭に当たる二〇個ほどのアミノ酸配列に、特徴的な疎水性（そすいせい）アミノ酸が連続しているという共通構造を見出した。

この共通構造が一種の「荷札」の役割を果たし、分泌されるべきタンパク質を小胞体内部へ導くシグナルとして機能していることを明らかにした。「シグナル仮説」である。DNAにコード化されているアミノ酸配列情報は、実は、細胞内のタンパク質の仕分け・行き先についてまで事細かく指定していたのだ。ブローベルはその後、精力的にシグナル仮説に関与する分子機構の解明を進め、いかにして仕分け情報のコードが解読（デ・コード）

されるか、その全容をほぼ明らかにした。ここでもコードとデ・コードという生命科学の基本を貫くモチーフが、見事な形で変奏曲を奏でていた。

誰もが、ＨＯＷを問い、ＨＯＷを解こうとしていた。ＨＯＷがくまなく解き明かされる前に、ＷＨＹに答えることはできない。なぜ生命が存在するのかに答えられないのは、生命科学がなおＨＯＷを追い求めているからである。

ブローベルはドイツ生まれ。少年の頃、戦火を逃れた避難先の丘から、連合国軍の空爆を受けて炎に包まれ崩れ落ちるドレスデンの街を遠く見たという。一九九九年、ノーベル賞を単独受賞した彼は、長らく廃墟のままだったドレスデン・フラウエン教会復興のために賞金をすべて寄付した。もし彼にインタビューがかなったならＨＯＷの物語を問うてみたかった。

＊1　ブラウン・ゴールドスタイン…マイケル・ブラウン（一九四一年〜）とジョーセフ・ゴールドスタイン（一九四〇年〜）は共にアメリカの遺伝学者。二人は八五年に、コレステロールの代謝とその関与する疾病の研究でノーベル生理学・医学賞を受賞した。

第二章　ロックフェラー大学の科学者に訊く

「山脈のピーク」を形成する研究者たち

ロックフェラー大学とは、いわば巨大な山脈だ。遠く離れた場所からその稜線を望むと、頂点には各分野のスター研究者が名を連ねる。本書を執筆している二〇一六年一〇月時点で、同校のノーベル賞受賞者は二五人。その数こそ、ハーバード大学やコロンビア大学には遠く及ばないものの、生物学・医学分野への貢献は計り知れない。そうそうたる顔ぶれの中には、ABO式血液型を発見して一九三〇年にノーベル生理学・医学賞を受賞したカール・ラントシュタイナーや、ウイルスの正体が核タンパク質であることを証明し、一九四六年にノーベル化学賞を受賞したジョン・ノースロップなど、現代医学の基礎となる大発見をした研究者もいる。

本章に対談を収録している、神経生物学者のトーステン・ウィーゼル氏、神経生理学者のポール・グリーンガード氏、分子生物学者のポール・ナース氏の三名もまた、各分野における「山脈のピーク」を形成する研究者たちだ。対談では、「生命とは何か」という共通の問いを投げかけることで、氏らの生命観に迫ってみた。これは、「生命を情報として捉える」という二〇世紀生命科学の本質を浮かび上がらせるための問いでもあるように思

ロックフェラー大学キャスパリー・ホールのエントランスには、歴代のノーベル賞、ラスカー賞の受賞者の名前入り顔写真が展示されている

う。

さらに今回は、神経生物学の権威であるブルース・マキューアン氏と、細胞生物学の分野で世界をリードする船引宏則氏にも話を聞くことができた。ストレスという「情報」に対する生命のあり方を研究しているマキューアン氏もまた、生命科学研究の本流に身を置く研究者だといえる。氏が語る生命観は、生命科学の行く末を見据える際の箴言となりうるだろう。また、船引氏は、細胞分裂研究におけるポール・ナース氏の後継者としても知られている。氏への取材は、ロックフェラー大学の研究者に脈々と受け継がれる、ある種の「気風」を感じられるものとなった。

同校の研究者たちは今、何を語り、どこへ向かおうとしているのか。本章では、氏らとの対話を通して、「生命科学」という学問を多角的に概観していきたい。

トーステン・ウィーゼル

ロックフェラー大学という「科学村」の強み

神経生物学者

Torsten Nils Wiesel

一九二四年、スウェーデン・ウプサラ生まれ。カロリンスカ研究所卒業。五五年、ジョンズ・ホプキンス大学医学部にて眼科学の研究員となり、五八年、助教授に。その後、ハーバード・メディカル・スクール神経生物学部長を経て、八三年、ロックフェラー大学に移る。九一年〜九八年、ロックフェラー大学学長。現在同大学の名誉学長。八一年、視覚系における情報に関する発見でノーベル生理学・医学賞受賞。

脳は世界の不思議のひとつ

福岡　まずあなたの子ども時代についてお聞かせください。ノーベル賞のウェブサイトによれば、学校では科学にあまり関心がなかったということですが、何が契機となって真剣に勉強し始めたのでしょうか。

ウィーゼル　私の子ども時代は少し変わっています。私は精神科病院で育ちました。父がストックホルム郊外の大きな精神科病院の院長で、フェンスで囲まれたその病院の敷地内に私の家があったのです。そのため自然と、病院の敷地内を歩いている患者たちと顔見知りになって、一緒にサッカーをしたりもしました。フェンスに囲まれた敷地を出入りするためのカギを持っていたのですが、フェンスの中にいるほうが安全だと感じていました。子どもの頃はスポーツなら何でも好きでした。森の中を走ったり、陸上競技をしたり、いろんな球技をしていましたね。そのせいで、学校では運動クラブの会長を務めたこともあります。勉強にはあまり熱心ではありませんでしたが、一〇代に入ると将来のことを考えるようになり、多くの哲学書を読みました。自分をきちんと見つめて、その本質を明らかにしようとしたのです。

福岡　どんな哲学書ですか。

ウィーゼル　一番影響を受けたのは、カントとショーペンハウアーです。この二人の存在が、医師を志すひとつのきっかけになりました。もちろん、そのほかにも理由はあります。父が医師でしたし、精神科病院で育ちましたから。それに、一番上の兄が統合失調症と診断されたこともありますね。

福岡　『沈黙の春』（新潮文庫）の著者であるレイチェル・カーソンは「どんな人でもセンス・オブ・ワンダー（自然に対する畏敬の念）を持っている」と語っています。私自身は蝶の収集家ですが、そうなったのは蝶の美しさに気づいたからです。あなたも、自然の美しさ、不思議さに対する、そうした驚きを感じた体験はありますか。

ウィーゼル　子どもの頃は、冬になると、森の中でクロスカントリースキーをしたり、ろうそくの灯りで夜を過ごしたりしていました。夏は、家族でストックホルム付近の島々に出かけました。兄弟と一緒にセイリングをしたり泳いだりして、とても楽しい幸せな時間を過ごしました。そんな子ども時代のいい思い出はたくさんあります。

福岡　医学部を卒業した後、臨床訓練を受け、それから研究の分野に入りましたが、どういう動機があって研究分野に入ったのですか。

ウィーゼル　卒業した後、自分が育った精神科病院で医師をやりましたが、間もなく合理的な治療法がないことにひどく失望してしまったのです。当時は一九五〇年代初期で、製薬革命が起きる前でした。精神疾患の標準的な治療法といえば、電気ショックやインシュリン治療、肺葉切除しかありませんでした。それから半世紀以上が経ち、今では新薬のおかげで多少状況は改善されましたが、それでもまだ精神科の治療はとても満足できるものではありません。

好奇心とある程度の遊び心

福岡　渡米しようと思った理由は何ですか。

ウィーゼル　精神科病院で医師として働いていると、脳の仕組みについてもっと学ばないといけないと痛切に感じました。そこで、以前師事していたカロリンスカ研究所の神経科学教授カール・グスタフ・ベルンハルトのもとを訪ねると、私を学生として受け入れてくれました。その後一年間、私は彼の研究室でてんかんとその治療法について学びました。

この時期に、ボルチモアにあるジョンズ・ホプキンス大学医学部のスティーブン・カフラー教授から招待を受けたのです。私はポスドクとして、国際的に認められていたカフラー教授の研究室に迎え入れられました。そして網膜の研究をして数年過ごした頃、カフラー教授から研究室に残らないかと言われ、助教授に任命されました。

その後、一九五八年にデイビッド・ヒューベルが研究室に入ってきて、二〇年に及ぶ共同研究が始まりました。二人で、ネコとサルの視覚システムについて研究したのです。私のキャリアにとって最もよかったのは、この時期にずっとデイビッドとともに研究できたことでしょう。彼は聡明で、技能にも才能にも優れた科学者でした。卓越した知性を備えているだけでなく、英語にも関心があり、その高い表現力は、私たちが出版した論文にも表れています。研究発表も明快かつ的確でレベルが高く、その内容は脳科学界に大きな衝撃を与えました。

福岡　二〇世紀の偉大な科学の発見を眺めてみると、ワトソンとクリック、ブラウンとゴールドスタイン、ヒューベルとあなたのように二人の共同研究によるものが時々あります。どうして個性の非常に強い人同士が協力できるのでしょうか。

ウィーゼル　デイビッドと私には、互いに補い合えるところがいくつかありました。彼は大学で、数学と物理学の勉強をしていたのですが、その後、生物学のほうが自分に合っていると気づき、医学部に行きました。つまり、二人とも医学のバックグラウンドはあったわけです。ただし彼には、私にはない別の才能もありました。たとえば旋盤の開発が好きで、それを使って、脳の単一細胞記録の装置に欠かせない部品を組み立てたりしていました。有名なタングステンの微小電極を開発したのも彼です。これは間もなく、世界中の研究室で使われるようになりました。当時私たちは、哺乳類の視覚野にある単一ニューロンの研究をしていたのですが、こうしたツールはその研究に欠かせないものでした。反対に、彼と私に共通していたのは、好奇心とある程度の遊び心ですね。二人とも共同研究を楽しんでいました。長年にわたり支障なく共同研究ができたのは、お互いにあまり干渉せず、それぞれが好きなことや得意なことに集中できたからというのもあると思います。こうしてお互いを補い合っていたわけです。

福岡　口論はよくしたのでしょうか。

ウィーゼル　あまりしませんでした。ただし、議論はたくさんしました。私たちはよく、まる二四時間かかるような長い実験をしました。その間に、科学について話をしたり、それぞれが関心をもっていることについて意見を交換したり、新たな実験の計画を練ったり、新たな問題を立てたりしたのです。こうしたプロセスを経て自分が成長していけたことには、たいへん満足しています。この仕事をしていると、科学者というより探検家になったような気がしたものでした。私たちにとって研究は、驚くべき新たな世界の発見にほかならなかったからです。私たちの仕事は、糸を巻いて毛糸玉を作っていくようなものでした。問題を立て、実験を通じてその答えを見つけると、それがまた別の問題へとつながっていきます。それを何年も続け、脳の仕組みや秘密を見つけようと努力を重ねてきたのです。

福岡　二〇一三年九月、ヒューベルは他界しました。彼の死をどのように悼みましたか。

ウィーゼル　彼を心から尊敬します。科学の世界では、私たちは真の兄弟でした。

福岡　ヒューベルとあなたは、脳の機能について実に多くのことを解明しました。視覚情報はデジタルカメラの画像のように脳に入ってくるのではありません。その情報はさまざまな要素に分割され、脳内でイメージに変換されます。この理論は、もしかしたらワトソンとクリックのDNAに関する発見よりも重要なのではないかと私は思います。

ウィーゼル　私はそういう比較はしません。遺伝子構造は、言うまでもなく世界を揺るがした発見ですから。それでも私たちの研究は、実質的に、外部の世界を分析する脳の仕組みについて考える手がかりを与えたという点で、重要だと思います。細かい分析は避けたいと思いますが、私たちの成果については一般的に、脳が網膜上のイメージを分析する仕組みを解読したと言われています。イメージの形状、輪郭、角度、色が分析できれば、視覚世界にあるどんな物体のイメージでも作れます。子どもが遊ぶブロックと同じですね。要素がそろえば何でも作ることができるのです。

私たちの理解はまだ初歩段階

福岡　次の世代のために、脳科学の分野で最も必要とされるものは何だと思いますか。

ウィーゼル　今後もさらに発見を続けていくことでしょうね。三〇年か四〇年ぐらい前に、重要な発見が二つありました。ひとつは、ジョン・オキーフによる海馬の場所細胞の発見、もうひとつは、顔に反応するサルの側頭下葉の細胞の発見です。この二つの発見は、どちらも大きなブレイクスルーで、いまだに世界中で徹底的な研究がなされています。間違いなく、脳にはまだ思いも寄らない秘密がたくさん眠っています。それを次世代の研究者に発見してほしいと思います。

福岡　ミラーニューロンについてはどう思いますか。

ウィーゼル　比較的新しい発見ですね。極めて示唆に富む内容で、大変な注目を集め、今では数多くの研究でとりあげられています。これからも、驚くべき発見がどんどん出てくるでしょう。私たちはまだ、脳についてごくわずかしか理解していませんから。たとえば、記憶や睡眠、意識の性質はまだ謎だらけです。

福岡　あなたは科学者であると同時に大学の長など行政職をされていましたが、二つの異なる仕事を比べることはできますか。

ウィーゼル　研究室での科学者の仕事ほど楽しいものはありません。ヒューベルも私も実験は自分でやりました。学生も数名いましたが、彼らは自分専用のスペースを持ち、それぞれが自分の研究に取り組んでいました。彼らの論文に私たちのクレジット（共著者としての名前）を入れたことは一度もありません。自分で実験をすれば、その研究結果を自分の名前だけで発表できるというメリットがあります。

自由に研究できる環境

福岡　ロックフェラー大学の研究環境をどう思いますか。

ウィーゼル　小規模なところが好きです。ほとんどの教授や数多くの大学院生と知り合いになれますから。私が学長をやっていたとき、この大学のキャンパスを「科学村」と呼んでいました。科学者だけではなく、学生やスタッフ、技術者、守衛、清掃作業員も含め、みんながこの村の家族です。創造性あふれる環境を提供するには、一人ひとりが重要なのです。また、この大学の学長や運営陣やスタッフには、教授たちの研究や大学院生の指導を力強くサポートする責任があるという意識があります。

福岡　この大学がノーベル賞受賞者を多数輩出したのはそれが理由ですね。

ウィーゼル　こうした研究環境が後押しになっていると思います。調査によれば、ノーベル賞受賞者は特定の機関にかたまる傾向があります。それは、独立性や独創性を強くサポートする機関です。ケンブリッジ大学のMRC分子生物学研究所は、何年にもわたりノーベル賞受賞者を輩出していますが、これもきっと、独創性を尊重し、自由に研究できる環境があるからでしょう。

私は、沖縄に新設された沖縄科学技術大学院大学にもかかわっています。一部ロックフェラー大学をモデルにした、国際色豊かな国立の大学院大学です。今日の最先端科学には、単一の分野だけでなく、数学、物理学、生物学、化学、コンピューター科学など、自然科学のさまざまな分野との交流がますます必要になっています。この大学は、そんな理念に基づいて設立されました。世界中の科学者や学生が分野の垣根を越えて協力し、新たな科学的発見を生み出そうとしています。

福岡　物理学者のエルヴィン・シュレーディンガーは『生命とは何か　物理的にみた生細胞』（岩波文庫）という本を執筆しましたが、これはワトソンやクリックなど多くの科学者によって読まれ、彼らを偉大な発見へと導きました。あなたにとって、生命とは何ですか。

ウィーゼル　私は哲学に関心があり、生命や死についてもあれこれ考えはしますが、人生で重要なことは単純さです。人生は楽しむためにあるのです。楽しむといっても、それは自分を発見しようという行為を通じての話です。世界、音楽、芸術、文学、科学を探索しなければ、自己発見はできません。私にとって人生とは、あらゆるすばらしい物事を探求することであって、宗教の教えに真摯になることではありません。

福岡　私は、生命を、絶え間なくエントロピーを汲み出す「動的平衡[*1]」であると考えています。

ウィーゼル　私は生命を「バランスのとれた生活を送るためのコツ」みたいなものだと思います。生命には規律も必要ですが、新たな物事を積極的に受け入れることも必要です。

＊1　動的平衡…相反する二つの逆反応が、同時に存在することで保たれる平衡状態のこと。

ポール・グリーンガード

誰もが公正に扱われるチームづくり

神経生理学者

Paul Greengard

一九二五年、アメリカ・ニューヨーク生まれ。ハミルトン・カレッジ卒業。五三年、ジョンズ・ホプキンス大学で博士号取得。イエール大学で薬学・精神医学の教授などを務めた後、八三年、ロックフェラー大学に移り研究室長兼教授となる。九五年からアルツハイマー病を研究するフィッシャー・センターの責任者。二〇〇〇年、神経におけるシグナル伝達に関する発見でノーベル生理学・医学賞受賞。

能力を人助けのために使いたい

福岡　科学に興味をもったきっかけは何ですか。

グリーンガード　小さい頃は数学をたくさん勉強しました。得意だったんです。一〇代になって数学以外に理論物理学にも興味がわき、やがて数学と物理学全般に関心をもつようになりました。そして第二次世界大戦が始まり、海軍に所属しました。航空母艦に乗り、神風特別攻撃隊を防御するのが任務でした。戦後、大学に行ったのですが、授業料は〈G.I. Bill〉と呼ばれる復員兵援護法によって政府が全額負担してくれました。

その後、大学院に行きたいと思ったのですが、物理学関連の奨学金はＵＳＡＥＣ（アメリカ原子力委員会）が出しているものばかりでした。日本に原爆を落としてからまだ二、三年しか経っていない頃の話です。私はＵＳＡＥＣのために仕事をしたくはありませんでした。自分の能力を人殺しのためではなく、人助けのために使いたかったのです。

それで、物理学ではなく、生物物理学を勉強しました。これは物理学を生物学や医学に応用する学問です。自分の生活と学業を支えるための奨学金は、大学からもらうことができました。勉学を続けるにあたって、どこからお金を得るか、ということは私にとって大きな問題だったのです。

博士課程を終えた後にヨーロッパへ行った一番の理由は、現実の世界をもっと見たいと思ったからです。数年間、ヨーロッパに住んでみるのも面白いだろうと考えたのです。そしてもうひとつの理由は政治的なものでした。当時はマッカーシズム（反共運動）が旋風を巻き起こしていました。私は当時も今も政治には関心がありませんが、あの頃は政府に不満をもつ友人がたくさんいました。私は違いましたが、当時の学生の大半は左寄りだったのです。ともかく、誰かが誰かを共産主義者だと密告するような雰囲気が不快でした。イギリスへ渡ったのはそういう理由からです。

それから、イギリス人はアメリカ人と違ってもの静かで控えめです。それが私の気性に合ったのです。すべてとは言いませんが、アメリカ人の多くは自分を売り込むことに精を出します。が、私はそういうことには向いていません。これもアメリカを離れた理由です。

福岡　そこで五年間、生物物理学を研究したのですね。

グリーンガード　神経細胞機能の生化学的な基盤に関心がありました。私が大学院生だった頃、アラン・ホジキンかアンドリュー・ハクスリーのどちらだったかは忘れましたが、ジョンズ・ホプキンス大学でスピーチをして、神経インパルス（活動電位）の発生メカニズムについて説明したのです。彼らがノーベル賞を受賞（一九六三年）する前のことでしたが、私はその発見がとても重要なものだということにそのとき気づいたのです。

これを契機に、その後、私は生化学について多くのことを学びました。神経細胞の生化学的基盤を研究できるようになろうと、トレーニングを積んだわけです。私には電気生理学の機器と生化学の機器の両方が必要だったのですが、その両方がそろっている唯一の場所は薬理学部でした。そこで、偉大な神経薬理学者であるウィルヘルム・フェルトベルクの研究所に行きたいと願い出たのです。私はその研究所で三年間研究しましたが、当時はまだ薬物受容体についてはあまり知られていませんでした。

ここに、いたいだけいていい

福岡　本当ならもっとイギリスにいたかったはずなのに、突然アメリカに戻ることにしたのはなぜですか。

グリーンガード　当時アメリカへの頭脳流出が起こり始めていました。能力がある者にとってはアメリカが魅力のある国になりつつあったのです。ソ連が一九五七年にスプートニク一号の打ち上げに成功し、それがアメリカ政府を刺激して、研究活動にお金をつぎ込むようになったからです。

それより前は、裕福な家庭の出身でないかぎり、アメリカで研究活動をすることは非常に困難でした。政府がお金を出さなかったのです。アメリカに戻りたいという気持ちはありましたが、その気持ちに火がついたのは、アメリカ政府が突然、研究活動に資金を拠出し始めたからです。

福岡　アメリカに戻った後、いいポジションは見つかったのですか。

グリーンガード　帰国後、製薬会社から誘いがありました。もともと自分の科学の才能を使って新薬を開発することに関心があったので、それに応じることにしたのです。ですが、やがて産業界の官僚的な環境に不満を感じるようになりました。自分のやりたい研究のためには大学のほうが環境がよいと考え、大学に移ったのです。

福岡　イエール大学からロックフェラー大学に移ったのはどうしてですか。

グリーンガード　どんな機関でもそうですが、規模が小さいときは組織に一体感があるのに、大きくなると、そういう雰囲気がなくなります。イエール大学でも同じことが起きました。

それでロックフェラー大学に来たわけです。イエール大学を去ろうとしたとき、ロックフェラー大学からのオファーと同じ待遇の申し出がイエール大学からもあったのですが、すでにロックフェラー大学のオファーを受け入れていたのです。このオファーには多くのメリットがありました。たとえば、ここでは学生に教える義務はありません。自主的に大学院生に教えることはありますが、強制されることは決してありません。また、規模が小さいので、大学全体が大きな家族のようです。

福岡　学部がないことをどう思いますか。

グリーンガード　気に入っています。教授会がありませんし、資金的に困難であれば助けてくれるのも長所です。イエールでは助けてもらえませんでした。というより、当時のイエールには研究資金がなかったので彼らにはそれが不可能だったのです。研究室のスペースもここのほうが広いです。研究仲間もお互いに助け合うし、優秀です。こういったことは、どれもとても重要なことです。

また当時のイエール大学では、一定の年齢に達すると、どれほど優秀な人でも退職しなければなりませんでしたが、ここでは、いたいだけいていいと言われました。言い忘れていましたが、これも大きな魅力です。その後、「年齢を基準に定年退職させてはいけない」という連邦法ができたのですが、それは私が七〇歳になる前のことです。

福岡　ロックフェラー大学に来たときのあなたは五七歳でしたが、ノーベル賞を受賞する発見をしたのはそれからですね。大器晩成型と言ってもいいでしょうか。

グリーンガード　製薬会社に勤めた後、一九六八年にイエールに移り、その一五年後にロックフェラー大学に移りましたが、ノーベル賞受賞につながった研究の一部はイエールでやっていました。その後、神経細胞がお互いに情報のやり取りをする際の分子レベルの仕組みの解明が、ノーベル賞につながったのです。

ここ一五年はさまざまな精神疾患の原因を理解することに、より多くの時間を使ってきました。こうしたことはイエールではなかなか落ち着いて研究できませんでした。いま関心をもっているのは、このような疾患の治療に使う薬がいかにしてその効果を発揮するのか、ということです。特定の受容体へと信号を送る神経について研究し、その基礎知識を得たことで、さまざまな神経疾患の中にある神経細胞の変性がどのようなものなのかを解明することに興味がわいたのです。特に関心をもったのはパーキンソン病とアルツハイマー病という退縮性の神経疾患と、統合失調症とうつ病という二つの精神疾患による行動障害です。

美しすぎる論文

福岡　キナーゼカスケード*[1]についてですが、エフレイム・ラッカーとマーク・スペクターの捏造事件*[2]のことを覚えていますか。

グリーンガード　ええ。

福岡　彼らの発見のことを耳にしたとき、できすぎた話だとは思いませんでしたか。

グリーンガード　ラッカーのことはよく知っています。正式には私の担当教授ではありませんでしたが、私にとっては恩師で、刺激を与えてくれた人物です。私がイエールにいたとき、マーク・スペクターはコーネル大学の大学院生でした。でもどうして捏造事件のことを聞くのですか。

福岡　日本でも世界でも科学論文の捏造に関する問題が広く議論されているからです。

グリーンガード　彼らのデータは間違いなく捏造であると確信していました。グラフができすぎていたからです。まるでメンデルの法則の豆のようでした。学生たちが私の研究室に入ってきて、「この美しい論文を見てください」と言ったのを覚えています。そのとき私は、このデータは捏造だと思うと言いました。こんなに完璧なデータがあるはずがない、と。科学というのはそういうものではないからです。マーク・スペクターはハーバード大学で助教授の地位を得ましたが、やがてデータが捏造であったことが暴かれました。誰も実験を再現できなかったのです。このような捏造は珍しいことではありません。このロックフェラー大学にフリッツ・リップマン[*3]という非常に有名なノーベル生理学・医学賞受賞者がいましたが、彼も同じような経験をしています。彼の研究室の誰かが完璧なデータを提出したのです。こういう捏造ケースで興味深い点は、学生が完璧なデータを教授に見せたとき、教授がその正しさを信じて、学生を問い詰めないことです。このような捏造者は非常に頭がいいのですが、どうしてその才能を捏造に使わずに新しい発見のために使わないのか、私にはわかりません。

福岡　ご自身の研究室では、どうやってそうした捏造を防止しているのでしょう。

グリーンガード　研究者たちは、できるだけ多くの結果を出そうと、激しく競争しています。私は、彼らが何を考えているのかを知るべく、どの研究者にも慎重に耳を傾けていますし、また、誰に対してもフェアであるように心がけています。ほかの人より押しの強い人もいますから。論文の著者についても公正であることを確認していますし、室内でのコミュニケーションにも時間を割いています。

ですが、ほとんどの大きな研究室が、何かしらの個性の衝突を抱えているものです。そうした状況を回避することは、ほぼ不可能でしょう。幸運なことに、ここは研究者同士のケンカは少ないほうです。

ところで、「ケンカをするには二人必要」という表現は日本語にもありますか？　つまりひとりがケンカを売っても、もうひとりがそのケンカを買わないかぎり、ケンカにならないということです。あるとき妻が大きな賞をもらうことがありました。その授賞式で私はスピーチを頼まれたので、「ケンカをするのに二人が必要であると信じている人は、私の妻に会ったことがない人です」と言いました。私の妻はひとりでもケンカできるという意味のジョークだったのですが、妻はそのジョークが気に入らなかったようです。

要はいい人間関係を作ろうと努力するかどうかの問題なのですが、そういうことをどうでもいいと考えている人もいます。そのような人にはケンカをしたければさせたらいい、と考えています。そんなことにかかわっている時間は自分にはありませんから。ですが、研究者たちは、ほんの少しでもこの問題について考えてみたほうがいいのではないかと思います。私の研究室の研究者たちはまだ若く、将来がある人たちです。これからもっと認められて、いい仕事に就きたいと考えています。人間関係を念頭においておくだけでも助けになるでしょう。

人格衝突の問題が非常に少ないのは幸運なのですが、それと同時に、エキサイティングな研究を数多くできていることも幸運だと思います。興奮が大きければ大きいほど、共有できるパイが大きくなり、そしてより多くの人間がその大きなパイを食べることができるようになるからです。ですから、研究が非常に調子よく進めば進むほど、それだけ人間関係における緊張が少なくなるはずです。

昔は科学の問題といっても単純なものでした。しかし、今はどんどん複雑になり、学際的なアプローチが必要とされています。我々が取り組んでいる問題にも、細胞生物学者、酵素学者、分子生物学者がチームとなって取り組まなければなりません。重要なのは、誰もが公正に扱われるようなチームを作ることです。それは必ずしも簡単なことではありません。少なかったものの、確かにこの研究室でもケンカはありました。私はそういうケンカのことを耳にしたらすぐに対処して、解決しようとしました。時には、仲直りするのを待ち、放置したほうがいい場合もあります。研究室を運営するなら、コミュニケーションにおける配慮を軽視してはいけません。

うつ病になっているのは誰なんだ?

福岡　トーステン・ウィーゼル氏は、ロックフェラー大学のことを「親近感が強い、小さな科学村」と表現していました。

グリーンガード　同感です。

福岡　それが多くのノーベル賞受賞者を輩出することに寄与したと思いますか。

グリーンガード　それは非常に重要な要因です。誰を研究に加えるべきか、吟味することはいいことです。より有能な人材を確保するためにはね。

福岡　創造的な科学とは小さなグループから生まれるものですが、最近は大規模な産業やテクノロジーと共に進む傾向が強いですよね。これについてどう思われますか。

グリーンガード　確かに科学はその方向へ進みましたが、むしろその方向に行かざるをえなかったのだと私は思います。たとえば、ゲノム解析は非常に重要でした。問題は、データを取り出すことができても、あまりにも大きすぎるためにそれが解析できないということでした。それで生命情報工学という、まったく新しい分野ができたのです。

現在は、データを取り出す技術があまりにも発達したため、それを使わないわけにはいきません。たとえば、ある特定の行動変化に関係するすべての細胞の変化を調べたいとなれば、莫大なデータを相手にすることになります。そのデータを生命情報工学によって解析すれば、新しい薬の開発につながりますし、仮説をテストすることもできます。

福岡　今後、あなたの研究分野では、どういった発見が求められると思いますか。

グリーンガード　それがわかっていれば、ここで話などせず、研究室で実験していますよ(笑)。その質問に答えるのはかなり難しいのですが、神経システムの分野でいえば、個々の神経細胞の構成に関する莫大な情報を得ることでしょう。実際のところ、細胞の型にかかわらず、そこに含まれるすべてのタンパク質を同定する技術なら、すでにほかの研究者と共同で開発しています。そういう情報を集めれば、どの遺伝子がどの表現型（生物の特性）に関与しているのかが総合的にわかるようになるでしょう。そうなれば、その細胞に作用するもっといい薬が開発できるようになると思います。

福岡　これはインタビューするすべての科学者の方にお訊きしている質問なのですが、かつて物理学者のエルヴィン・シュレーディンガーが問うたように「生命とは何か」と問われたら、あなたはどのようにお答えになりますか。

グリーンガード　これは哲学者に訊くべき質問であり、科学者に訊く質問ではありません。まじめにそう思います。人はノーベル賞を受賞すると、その途端に「偉大な人間」になり、「偉大な哲学者」扱いされ始めます。生命とは何かというような問いに対して、もったいぶって話すようになるのです。面白い現象です。社会は、ノーベル賞受賞者を全能の人間のように考え始めるのです。

わかりやすい言葉で生命を説明すると、それは「細胞が成長し、分裂してできる有機体」ということになりますが、よく考えてみると、私たちはそういうシステムの非常に複雑な集合体のようなものなのです。私個人はその問いに答えることはできませんし、科学者はその問いに答えるべきではないと思います。というのも、言葉がそこまで正確ではないからです。あなたはどう答えますか。

福岡　細胞の複製ではなく、生命の動的平衡の面に注目したいと思います。

グリーンガード　あるいは、「私たちは誰なのか」に注目するのはどうでしょうか。最近、私はうつ病について多くの研究をしています。すでに、特定の細胞内にある分子が動物モデルの抗うつ作用を左右することを証明済みです。それを知った人は、「それは非常に興味深い。細胞内のこの分子がうつ病に関係しているのか！」と言うかもしれません。ある新聞が「グリーンガードがうつ病の科学的根拠を発見した」と書きました。そんな内容に私は同意していませんし、彼らのインタビューも受けていません。ですが、人はこう思うでしょう。「なるほど、そうした細胞内の分子のせいで人はうつ病になるのか。だけど、（うつ病になっている）お前は誰なんだ？　お前は脳の中のどこにいるんだ？　お前はお前の脳の中のどこにいるんだ？」とね。

もうひとつ、私が耳にしたことをお話ししましょう。クリックは比喩を使ってこう言っています。「生命とは、たとえば視覚野（大脳皮質の視覚に関係する部分）みたいなものだ」。人が何かを見れば、そのイメージが視覚野に伝達されます。それはいわばカメラ付きのテレビがそこで録画しているようなもので、すると誰かが言うわけです。「なるほど、視覚野というのはテレビのようなもので、映されたイメージはそこにある。だとするなら、そのテレビを見ているのは誰なんだ？」と。これは「うつ病になっているのは誰なんだ？」というのと同じことです。精神科学の分野において最も興味深く、最もエキサイティングな問いのひとつでしょう。ですが、それにどう取り組めばよいのか、私にはわかりません。分子変化が生じるあらゆる細胞型を突き止めるという地道なやり方で、それに近いところまで行ければと思っています。しかし、肝心な問題は、誰がうつ病になっているのかという問いから私たちがどれくらい遠い位置にいるのかということです。もしかしたら、私たちはこの問いの答えに永遠に到達しないかもしれません。あるいはするのかもしれませんが、いずれにせよ取り組む対象としてはとてもエキサイティングなテーマだと思います。

＊1　キナーゼカスケード…細胞内でキナーゼ、つまりリン酸化酵素が活性化されると連鎖的に反応が引き起こされる。この様子が小さな滝（＝カスケード）のように見えることからこう呼ばれている。

＊2　エフレイム・ラッカーとマーク・スペクターの捏造事件…一九八一年、コーネル大学において、大学院生のマーク・スペクターは、指導教授エフレイム・ラッカーのガンの原因に関する理論を次々と立証したが、のちに実験データの捏造が発覚した。

＊3　フリッツ・リップマン…アメリカの生化学者（一八九九～一九八六年）。四七年、補酵素Aの発見とその代謝中間体としての重要性を示し、五三年、ノーベル生理学・医学賞を受賞。

ポール・ナース

分子生物学者

将来のリーダーを見つけ出す嗅覚

Paul M. Nurse

一九四九年、イギリス・ノーフォーク生まれ。バーミンガム大学卒業。七三年、イーストアングリア大学で博士号取得。オックスフォード大学微生物学部長などを歴任後、二〇〇二年、英国ガン研究所理事に。二〇〇〇年から英国首相に助言する英国科学・技術カウンシルのメンバー。〇三〜一一年、ロックフェラー大学学長。現在、同大学の名誉学長。〇一年、細胞分裂サイクルの研究でノーベル生理学・医学賞受賞。

質の高い科学者を見つけ出す

福岡　まず、ロックフェラー大学の元学長として、どのように研究者たちを奨励し、研究に専念させてきたのかを伺いたいと思います。学長だった頃のあなたの目標は何でしたか。

ナース　私は約八年（二〇〇三～二〇一一年）にわたりロックフェラー大学の学長を務めました。ここは生物医学の分野において世界で最もすばらしい研究機関のひとつで、才能ある人材の比率も群を抜いています。どうしてそのようなことが可能なのでしょうか。この大学の最大の魅力は「優秀な者に協力を惜しまない」ことだと思います。本当に質の高い科学とは、極めて優れた科学者によって実現されるものです。実にシンプルなことです。

ですので、成功のカギは質の高い科学者を見つけ出すこと、そして彼らに自由に研究させるべく、必要な手段と研究施設、研究資金を含む支援を行うことです。私の考え方は、どちらかというと科学者たちで構成されている組織を「運営する」といった感じです。トップダウン式に「あれをやれ、これをやれ」などと命令はしませんし、こちらから目標を提示することもありません。私はただ優秀な科学者を見出し、彼ら自身に自分たちの研究を自由にさせてあげるだけです。これが極めて重要な要素だと思います。

もうひとつ、私が特に重要だと思うのは「若さ」です。若い科学者は、それぞれの人生で最も創造性豊かな時期を過ごしています。彼らは励ましやサポートを必要としていますし、そうした時期の科学者は、経験不足ゆえに、多くの間違いを犯す可能性があります。

ですから、ロックフェラー大学のような研究機関の場合、若者を奨励しつつ、同時に私のように経験のある年上の科学者がサポートするのはよいことだと思います。それによって若い科学者が困難にぶつかったときに助けたり、彼らが落とし穴にはまらないように目を配ったりすることができるはずです。そうすれば、私たちはあらゆる分野の最上のものを得ることができます。若い科学者の創造力と活力を年上の研究者たちの経験と結びつける。これが、私がこのロックフェラー大学で実現しようとしたことです。

福岡　トーステン・ウィーゼル氏はロックフェラー大学を、「親近感が強い、小さな科学村」と表現していました。

ナース　「科学村」というのはとてもよいたとえだと思います。巨大な研究機関ではないですからね。ロックフェラー大学は、研究者が一〇〇〇－一二〇〇人、研究責任者（教授）が七〇－八〇人の、比較的小規模な機関です。またこの村には、通常の形の組織がありません。つまり学部というものが存在せず、仕切りがないわけです。
私個人としては、通常の形の組織は科学者同士の交流の妨げになると思っています。というのも、もし学部というものがあり、あなたがその一員だった場合、学部内の仲間とは話をしても、外部の人間とは話をしないかもしれません。ですから、村という考え方はよいのですが、それを小さなセクションに分割すべきではありません。何がどうあっても、ひとつの村であるべきです。

福岡　「これは避けよう」と心がけていることはありますか。

ナース　あらゆる類の障壁を取り除き、みんな一緒に協力して研究できるようにしています。今インタビューを行っているこの建物の設計責任者は私なのですが、私たちが座っているここは、みんなが集まれるスペースになっています。この建物とは別の研究室で仕事をしている人間であっても、コーヒーを飲みたいときやトイレに行きたいとき、あるいは誰かと話をしたいときには、必然的にここを通らなければなりません。つまり、誰もがこの建物の真ん中で気軽に交流できるわけです。ここはそうしたランダムな出会いを促進するように設計されていますが、科学者にとってはまさにそれがとても重要な契機になることがあるのです。

将来のリーダーを選ぶ

福岡　将来、科学の研究の世界で、宝石のような存在になるかもしれない逸材を見つけ出す際、あなたは何を基準にされていますか。

ナース　将来のリーダーを選ぶのは本当に至難の業です。保証付きの基準などありません。ただ、私はよく若い科学者の「匂いをかぐ」んです。すると、彼らがいつ頃に才能を発揮させるか感じ取ることができます。同時に、しっかり確認しておかなければならない要素もいくつかあります。リーダーになるためには生産性が高くなければなりません。具体的には、研究で結果を出し、論文を執筆し、非常に興味深い結論を導き出すことができなければなりません。「生産性が高い」とはそういうことです。

福岡　感じ取るのはどういう匂いなのでしょうか。

ナース　「匂いをかぐ」という表現が意味しているのは、話してみて興味を引く人物であるかどうかということです。私の場合、往々にして相手と話すと数分のうちに、その人が、その頭脳が探究心旺盛なのか、それともひとつの分野に囚われた視野の狭い人なのかがわかります。また、その人がくだらない研究をする傾向にあるかどうかもわかります。そうしたことは、ちょっとした対話を通じてはっきりと見えてくるものです。

耳当たりのよい話をでっち上げることができる人もいますが、そうした人は突っついた途端に崩れてしまうものです。ですから、そういう人間を採用して困ったことにならないよう、(面接などで)しっかり確認しておかなければなりません。私は会話で相手を困難な状況に追い詰めるのが好きです。何かを知っているとか知らないとか、そういう状況に追い詰めるのではなく、何かを探究するオープンな機会を与えるためです。そのとき、もしもその人が何かとても興味深いことや、幅の広いテーマへと話を持っていかなかった場合、その資質に疑問を抱くことになります。自分がやってきた分野にこだわり続けたり、この先一、二カ月間に何をやるのかだけを考えたりしているような人は、それほど面白くありません。ですから、直接対話することはとても重要なのです。

そのために、まず彼らが発表した論文に目を通し、直接話す価値があるかどうかを見極めることから始めます。それから実際に会って話をする。すると、いろいろな話の端々から、その人について多くのことがわかってくるのです。

福岡　ヒト、マウス、ハエ、線虫、酵母など生命体の全ゲノムが次々と解読され、網羅的な大規模研究が推進される傾向が強まっています。一方、私は独創的な科学研究はもっとパーソナルで小さなものから生まれてくると考えています。この違いをどう思いますか。

ナース　両方の活動が必要だと思います。私の研究室はほとんどの場合小さめで、私個人の色彩が強く表れています。ただし、私もこれまで数々の規模の大きなプロジェクトにかかわってきました。

ゲノム解析の話が出ましたが、私の研究室は、世界で四番目に真核生物のゲノムを解析したコンソーシアム（研究組合）のリーダー役を務めました。これなどは（大きな資源の投入が必要な）ビッグサイエンスです。が、これは私がひとりでするような研究ではありません。

私の研究のやり方についてですが、まずは足場となるような研究基盤があり、そこから必要とする情報を得ます。ただしそれは、研究者が関心を抱いているものの解釈までは提供してくれません。そうした情報は必要なのですが、それだけでは十分ではありません。

そういうときに私は次のような比喩を使ってこのことを説明しています。

「劇の脚本を書くときには、登場人物のリストが必要」。ここでは、そのリストはヒト・ゲノム塩基配列になるでしょう。ですが、それを手にした後には、実際に劇の脚本を書かなければなりません。

福岡　必要なのはドラマですね。

ナース　ドラマも脚本も必要です。もちろん短い個々のストーリーや場面も数多く入れないといけませんが、登場人物が誰なのかがわからなければ想像すらできません。ですから、登場人物のリストは必要です。しかし、登場人物を把握するだけでは十分ではありません。

福岡　同じ登場人物で、違うドラマにすることもできますしね。

ナース　それと、どういうドラマが進行しているのかを把握しなければなりません。私自身の気持ちとしては、小さな個々のストーリーにより大きな魅力を感じます。しかし、時にはそこから一歩離れて、登場人物のリストを作る必要もあります。ですから、私はその両方をやっていますし、実際、両方が必要です。

情報はいかに重要か

福岡　二〇〇一年にノーベル生理学・医学賞を受賞したあなたは、ご自身の研究活動のほか、会長としてイギリスの王立協会の運営にも携わっています。また、イギリスとこのロックフェラー大学があるニューヨークの両方で仕事をされています。これほど多忙な生活にどうやって折り合いをつけているのでしょうか。

ナース　やることがあまりにも多いことは確かです。私は英国科学アカデミーの会長です。これは王立協会とも呼ばれています。王立協会は、草創期の近代科学に取り組んだ世界で最も古い科学アカデミーのひとつです。また、私は今、新たな研究機関を設立しているところです。ロックフェラー大学といくつかの部分で類似しており、準備作業はロンドンで進めています。名称はフランシス・クリック研究所です（二〇一六年に開設）。そのほかに自分の研究室もありますから、相変わらず科学の世界にどっぷりですね。いまは、各機関で自分の時間の三分の一ずつを費やしている感じでしょうか。毎日、ほぼ半日仕事ですから、日常は少々込み入ったことになっています。

福岡　そのような断片化された日常を統合する生活に、あなたはどの程度満足しているのでしょうか。

ナース　最終的には一〇〇パーセント以上です。ですが、私が本当に満足しているのは研究なんです。その理由はおそらくこれが自分にとって得意なことだからでしょうね。それに、ほかの活動をすることで社会に還元しているかぎりは、研究を通じて支援を受けていることになんの後ろめたさも感じません。そういう考え方です。自分の時間に関してもかなり厳格で、研究時間をきっちりとっています。先ほどまで、このコーナーで書いていたのは研究論文です。あるデータをチェックしていたのですが、気分は四〇年前の大学院生の頃に戻っていました。当時とまったく同じなんです。いつもそんなふうに研究を楽しんでいます。それ以外のこともいろいろやりますが、いずれにせよそれらは誰かがやらなければならないことですからね。

福岡　最後の質問です。物理学者のエルヴィン・シュレーディンガーは『生命とは何か』という本を執筆し、ワトソンやクリックなど多くの科学者に読まれました。この本が彼らを偉大な発見へと導いたわけです。では、あなたにとって生命とは何でしょう。今のあなたは、生命をどう説明するでしょうか。

ナース　シュレーディンガーの『生命とは何か』に言及したのは興味深いですね。というのも、私もこの本に影響を受けましたから。私はワトソンとクリックの次の世代の人間です。実は、昨年のことですが、シュレーディンガーの著書にもとづいてロンドンで「生命とは何か」という講演をしました。

この本にはいくつものメッセージが含まれていますが、主たるメッセージのひとつは、情報がいかに重要かということです。シュレーディンガーは、それについてそれほど明確な答えをもっていませんでしたが、生物学において情報の重要性を説いた最初の科学者のひとりです。その後、彼は情報をいかにしてコード化するかについて考え始めました。これは、もしかしたら、生命の問題について考えるには最適でなかったかもしれませんが、「生命を理解するのに何が重要なのか」ということについて彼はかなり近いところまできていたと思います。

生命はひとつの目的をもって機能しているように見える複雑なシステムです。そのシステムは、有機体の維持と複製（繁殖）のための情報管理に深くかかわっています。つまり、情報を獲得し、処理し、利用するわけです。生命について考える方法はたくさんあると思います。たとえば、生命の科学、遺伝情報をコード化するＤＮＡ、細胞という生命の基本になる単位、自然淘汰とともに生命がどのように進化していくか、などなどいろいろな角度から考えることができます。

しかし、これらのすべてを結び合わせることは、情報に対してひとつの焦点をもつことであり、生命におけるさまざまなシステム内の情報を管理することだと思います。あなたの質問への正確な答えにはなっていませんが、これこそが、二一世紀においてますます重要になってくる生命体に対する考え方だと私は思います。

神経生物学者

ブルース・マキューアン

科学における最大の障害は無知ではなく、知識による錯覚

一九三八年生まれ。オーバリン大学卒業。六四年、ロックフェラー大学（当時医学研究所）にて細胞生物学の博士号取得。その後、スウェーデン・ヨーテボリの神経生物学研究所で研究員を、またミネソタ大学で動物学の助教授を務めた後、六六年、ロックフェラー大学に戻り、八一年、研究室長兼教授となる。神経科学の研究の功績により、エドワード・スコルニック賞（二〇一一年）ほかを受賞。

Bruce S.McEwen

生化学が確立しつつある時期

福岡　この研究機関に入ったきっかけや、科学に興味をもったきっかけについて話していただけませんか。

マキューアン　高校時代までさかのぼります。その高校に刺激的でとても優秀な化学の教師がいたのです。それで私は化学や生物に関心をもつようになりました。進学したのはオーバリン大学というオハイオ州の小さな大学で、そこで化学を専攻しました。同時に若手の心理学者から刺激を受けて、心理学にも興味をもつようになりました。神経科学という分野がまだ確立していない頃の話です。生物という分野はありましたね。生化学が化学の正式な分野として確立しつつある時期で、今の私たちが神経科学と呼んでいるものに最も近かったのは生理心理学でした。

その後、大学院に進学するためにここに来ました。一九五九年のことで、幸運にも私はこの大学のアルフレッド・ミルスキーとヴィンセント・オルフレイ[*1]の研究室に入りました。彼らは細胞生物学のパイオニアです。ヒストン（真核生物の主要なタンパク質）が、クロマチンの折りたたみ構造[*2]を制御することによって遺伝子発現を調節するタンパク質であることを突き止めた、まさに最初の科学者です。現代の私たちはこれをエピジェネティクス[*3]と呼んでいますが、これについては文字通りキャリアの最初の頃から知っています。それが今や大きな研究領域となっているわけです。DNAの配列は一義的に決まっていますが、そのスイッチをオン・オフする方法は数多くあります。そこがこの研究の面白いところです。私たちは今、エピジェネティクスの研究として、ヒストンの一時的変異を研究しています。いわば、自分の研究の出発点に戻ったという感じです。

これでどうやって情報を運ぶんだ？

福岡　今、多くの人がエピジェネティクスの話をしていますが、その研究のパイオニアといえるのがミルスキーです。つまり、あなたは生化学の歴史の一部を目の当たりにしていたわけですが、一方でミルスキーは、オズワルド・エイブリーの仮説（遺伝物質の本体はDNAである）に反対の立場をとりました。ミルスキーはどんな人だったのでしょう。

マキューアン　彼は物事に対し確固たる考えをもっている人でしたが、一方で科学的に証明された事実を示されれば、それを受け入れる度量ももっていました。また、彼がタンパク質を研究する数多くの化学者のひとりだったことも理解しておかねばなりません。タンパク質化学は、ジョン・ノースロップ*4とモーゼス・クニッツ*5が酵素の結晶化に成功したことによって、ひとつの専門分野としての地位を得ましたが、そこから先の方向性についてはまだ定まっていませんでした。

そのためミルスキーは、DNAが遺伝情報を担っているという理論に批判的でした。なぜならDNAはあまりにも単純な物質で、四種の塩基だけで構成されていましたから。「これでどうやって情報を運ぶんだ」というわけです。ただし、彼の批判はいささかいきすぎた感もあったと私は思います。

ミルスキーについてもうひとつ忘れてならないのは、社会ダーウィニズム（ダーウィンの進化論を適用して社会現象を説明する考え方）と「DNAがすべてである。人はDNAコードで規定されている。環境の役割は皆無だ」という考え方を相当に懸念していたことです。だからこそ、彼はヒストンを研究したのです。

彼は別々に育てられた一卵性双生児について論文を書いているのですが、その中で、外見とある種の行動において多くの類似点があることを認めながらも、その双子がどれほど異なっているかを強調しています。彼の根底にあったのはまさにこのことでした。私が彼から受け継いだのもこれです。物理的・社会的環境が生物の発達にどんなふうに影響するのか、何を引き起こすのか、ということです。

福岡　面白いですね。旧ソ連の遺伝学者ルイセンコ[*6]は獲得形質が遺伝すると主張して生物学史に負の遺産を残しましたが、そこに新しい光が当てられているともいえますよね。

マキューアン　今の私たちには個人の表現型を変える方法がいろいろあることがわかっており、ルイセンコが主張したことにも一理あります。一方で、当時はDNAが大いに強調されていたのも事実です。今の私たちなら個人差がどのように生じるのかも理解できますし、そうした知見をナチスのユダヤ人排斥の考え方への反証に使うこともできます。ミルスキーはユダヤ人なので、こうした側面については非常に敏感でした。

福岡　きわどい質問かもしれませんが、つまりユダヤ人は社会ダーウィニズムに反対する傾向にあるということですか。

マキューアン　いいえ。ユダヤ人を排斥しようとする考えの背景にあるのは、ある集団を排除するという目的です。そうした人たちはおそらく、あたかもそれが唯一の重要なことであるかのように、遺伝的要因に関する議論を利用したのでしょう。それでミルスキーは社会ダーウィニズムに強く反対し、環境が人間を作るという考え方を強く支持していたのです。

福岡　ミルスキーとオルフレイは共にあなたの恩師ですが、二人の関係はどういうものでしたか。

マキューアン　お互いがお互いにとっての協力者でした。私が博士号を取得した後、意見の相違のせいで二人がばらばらになっていた時期もありました。しかし、ミルスキーが亡くなる前に、二人は溝を埋めて和解しました。

福岡　あなたはストレス研究の世界的な第一人者であり、大きな発見のひとつは、ストレスが脳に作用するということでした。この発見の意義をわかりやすく説明していただけますか。

マキューアン　ずいぶん前に私たちは海馬という脳の部位がストレスホルモンの標的であることに気づきました。心理学者や神経学者が海馬の機能を研究していることも知っていました。さらには、たとえばストレスが海馬内の神経結合を再構成させることもわかってきました。また、私たちは成人の海馬で神経新生が起こることを発見しています。つまり適度なストレスは脳を変え得るわけです。行動実験により、エクササイズが神経新生を促進することがわかっており、年配の人が歩いたりエクササイズをしたりすると海馬が活性化され、そのサイズが大きくなることもほかの研究者が証明しています。

ストレスが脳に影響を与え得るという発見にはもうひとつ重要な意味があります。特に脳にとってはそうです。私たちはうつ病や不安障害に関心をもっていますが、うつ病や不安障害は海馬や脳のほかの部位の回路の統制を乱すことがわかっています。うつ病になると、よく抗うつ薬が処方されますが、それが実際に効くのはごく少数の人です。その原因はわかりませんが、ひとつ確かなことは、認知行動療法は多くの人に効き目があるということです。

今わかっているのは、薬または何らかの手順の組み合わせにより、いわゆる可塑性の窓が開き、脳が自ら変化することを可能にするのではないか、ということです。ただし、そこでやらなければならないのは、標的行動療法[*7]によりその窓を正しい方向に向けることです。そしてそれが、不安障害のための行動療法なのかもしれません。脳卒中になった人が、抗うつ薬を服用し、リハビリとして理学療法を受けると、その抗うつ薬が回復を促進するという報告もあります。つまりこの二つの間には相互作用があるのです。薬を飲むだけで何もしなければ、大した変化は起こりません。

一般社会からのサポートを必要としている

福岡　あなたのオフィスのドアに「何かを発見するために大きな障害となるのは、無知ではない」という箴言が書いてありますね。

マキューアン　ええ。科学の進歩における最大の障害は無知ではなく、知識があるゆえの錯覚です。長い間、人は環境の影響に気づかずに、DNAがすべてだと信じていました。

一九八八年頃、ふたたびセレンディピティ（偶然の出会い）を経験しました。私が「社会的地位と健康」というマッカーサー基金の研究ネットワークに加わったときです。これは心理学、社会学、精神神経免疫学、薬学、神経科学、生物統計学、経済学と、多分野に及ぶネットワークで、彼らは社会的地位が健康にどのように影響するのかを理解しようとしていました。そこでわかったことは、収入が低くて教育レベルが低い人は、収入が高くて教育レベルが高い人よりも寿命が短いということです。その分布は直線勾配になっていて、収入と教育レベルが中程度にある人は寿命もまさに中程度に位置しているのです。

動物での研究から得た知見を土台にストレス生物学を人間社会に応用しようと、私たちは大きなコンセプトに沿って研究を進めました。そのコンセプトというのは、人間の体はストレスによって活性化された際、ホルモン——コルチゾール、アドレナリン、代謝ホルモン——を分泌し、免疫システムが起動するというものです。この活性化プロセスが私たちの環境適応や生き残りを手助けしているのです。しかしストレスが過度になったり、長期にわたったりするとストレスホルモンは逆に免疫系を抑制し、心臓血管系に負荷を与えてしまいます。これが社会的な環境要因とともに健康に大きく影響していると考えられます。私たちはこのストレスホルモンの二面性をアロスタシス（動的適応能）と呼んでいます。これはホメオスタシス（恒常性）よりも、ダイナミックな局面で働く能力ですが、両刃の剣なのです。ひどくストレスがたまるライフスタイルは、心臓血管系の病気や現代生活のさまざまな病気が加速する状況を招きます。

福岡　ストレスに対して動的に適応する能力「アロスタシス」という概念があなたの研究

のキーワードですね。科学者とは、研究で明らかになったことを一般人の生活や一般社会に応用するものですが、あなたは科学者としての社会に対する責任をどのように考えていますか。

マキューアン　非常にいい質問ですね。研究を推進する側の立場からいえるのは、科学者は研究費用のためにも一般社会からのサポートを必要としているということです。また、利他的な視点で考えるならば、複雑な現代世界において、一般大衆が自分たちの生活について適切に判断を下したり、周囲で起きていることを理解したりするためには、科学の役割を理解する必要があるといえるでしょう。科学者にとっては自分たちの生き残りのためにもそれは重要ですし、また、集団の一員として自分たちがやっていることについて一般の人々に説明を試みることも同じく重要なのです。

私はここで夏期に教師や学生のためのアウトリーチプログラム*8を始めました。北米神経科学学会の会長をしているときは「脳神経への関心を高める一週間」というプログラムにも手を貸しました。これは現在、脳科学を一般人に教える国際プログラムへと発展し、一週間ではなく、年間を通してさまざまな企画を実行しています。また、ここアメリカには

「保育士と家族の共同プログラム」など、いろいろなプログラムがあります。これは、家族とその子どもたちが健康的な生活を送れるようにするための教育プログラムです。これこそ科学者と一般人が社会の機能を向上させるためにできる究極の働きかけだと思います。

福岡　二〇世紀の生物学は、生命をDNAの複製という観点から捉えて、生命とは自己増殖するメカニズムであると定義したと思います。私自身は生命をもっと動的な流れ、平衡という視点から捉えたいと思っています。あなたにとって、生命とは何ですか。

マキューアン　その質問への直接の回答にはなりませんが、すぐに頭に浮かぶのは宇宙に対する意識ですね。つまり、私たちの地球のような惑星が、宇宙に何十億個もあるかもしれないという考えです。もちろん、そういう惑星とコンタクトすることは決してないでしょうが、地球上の状況が何回も再現されるかもしれないという事実は、私たちにまったく異なった宇宙観をもたせてくれます。

宇宙には、私たちが完全には理解できない知的生命体が存在するかもしれません。もちろん、宗教的な体験をいかに捉えるかという問いは不可避です。私にとってそれは、今ここに私たちが存在していることに対する畏敬の念のことです。生命とは何かといえば、それは外界を認識する神経組織や身体機能以外の何かというよりも、それらすべてを遥かに凌駕する、何かとても大きなもののことでしょう。そしてそれは、宗教的な体験に近いものだと私は思います。どんなものかはわかりませんが、それは私たちが〈神〉と呼んでいるものを具体的な何かとして認識するということではなく、少なくとも、今この瞬間に、それに気づき、幸運にもそれを感じ、生き、それをありがたいと思える感覚そのものだと思います。

＊1　ヴィンセント・オルフレイ…アメリカの生化学者（一九二二年～二〇〇二年）。ミルスキーの研究に加わり、ヒストン修飾に関するモデルを初めて提唱。タンパク質アセチル化を50年にわたって研究した。

＊2　クロマチンの折りたたみ構造…真核細胞内にあるＤＮＡとタンパク質の複合体は、大量の情報を収納できるように折りたたみ構造をとる。

＊3　エピジェネティクス…ＤＮＡの配列変化によらない遺伝子発現制御に関わる現象、および機能を研究する学問。後成的遺伝学。

＊4　ジョン・ノースロップ…アメリカの生化学者（一八九一～一九八七年）。四六年、酵素、ウイルスタンパクの純粋調整の業績でノーベル化学賞を受賞。

＊5　モーゼス・クニッツ…アメリカの生化学者（一八八七～一九七八年）。三〇～三六年、ノースロップと共同で一連のタンパク分解酵素などを結晶化することに成功。酵素化学の発展に寄与した。

＊6　ルイセンコ…トロフィム・ルイセンコ（一八九八～一九七六年）は旧ソビエト連邦の生化学者・遺伝学者。獲得形質が遺伝するというルイセンコの学説は論争となった。

＊7　標的行動療法…一定の目標行動に至るまで、行動理論に基づいて問題行動を適応方向に変える療法（技法）。

＊8　アウトリーチプログラム…公的機関がある場所まで出向いて実施するプログラム。

船引宏則

どれだけ目立って、インパクトを与えられるか

染色体・細胞生物学者

Hironori Funabiki

一九六七年、京都府生まれ。京都大学理学部卒業。九五年、同大にて細胞生物学の博士号取得。一九九六〜二〇〇〇年、カリフォルニア大学サンフランシスコ校生理学部に、その後ハーバード大学分子・細胞生物学部にポスドクとして勤務。〇二年、ロックフェラー大学に移り、助教授となる。〇七年より准教授を務めた後、一四年に教授となる。受賞歴多数。

直感的にメンデル遺伝学とつながる

福岡　船引先生の専門は細胞分裂、染色体の分野ですよね。この分野を二〇世紀から二一世紀まで大まかに見て、どこがマイルストーンで、何が明らかになったのかを簡単に俯瞰できますか。

船引　なかなか難しいですね（笑）。もちろん、それはヴァルター・フレミングの研究からになるわけですが、最初は染色体が遺伝子を持つ本体だとはわかっていなかった。それでも、染色体が分かれていく様子を精巧にスケッチしたものが、直感的にメンデル遺伝学とつながっていったのですね。

福岡　染色体の分配もフレミングの研究なんですね。

船引　彼の美しい観察図が、のちの研究者を刺激したのです。先に僕のやっている研究を簡単に説明します。ご存じのとおり、染色体にはそれぞれに遺伝子が入っています。ヒトなら四六本、母方からの二三本と父方からの二三本の染色体がひとつの細胞に入っており、成人だとその細胞の数は数十兆個になります。もとはひとつだった細胞が、二つ、二つから四つ、四つから八つと分かれていく過程において、その四六本の染色体が複製された後、正確に配分されていくわけです。僕はこの分配の分子メカニズムを研究しています。

福岡　倍になった染色体がどうやってきちんと配分されるか、ですね。

船引　分かれるためには何かに引っ張られるわけですが、何が引っ張っているかというと、高分子ポリマーの微小管という、いわば紐なんです。この微小管がダイナミックに伸びたり縮んだりすることで染色体を動かすことを示したのが、井上信也[*1]、ティム・ミチソン[*2]、ダグ・コシュランド[*3]、マーク・カーシュナー[*4]らです。しかし、染色体は複製された後くっついているので、引っ張るだけでは分かれません。

福岡　染色体は分かれる前にくっついている。

船引　コピーされた染色体同士があらかじめくっついていることが、分かれた後で必ず別々の細胞へ移動するために必要なのです。では、どうやって染色体がくっついているのか？　まずアンドリュー・マレー[*5]が、染色体が分かれるためには、何らかのタンパク質が分解される必要があることを示し、それが染色体を接着しているのではないかと予想しました。その予想に対し、僕が大学院生のときにセキュリンというタンパク質が壊れることが染色体分離に必要であることを明らかにしました。ただ、セキュリン自体は染色体をく

染色体分離の仕組み

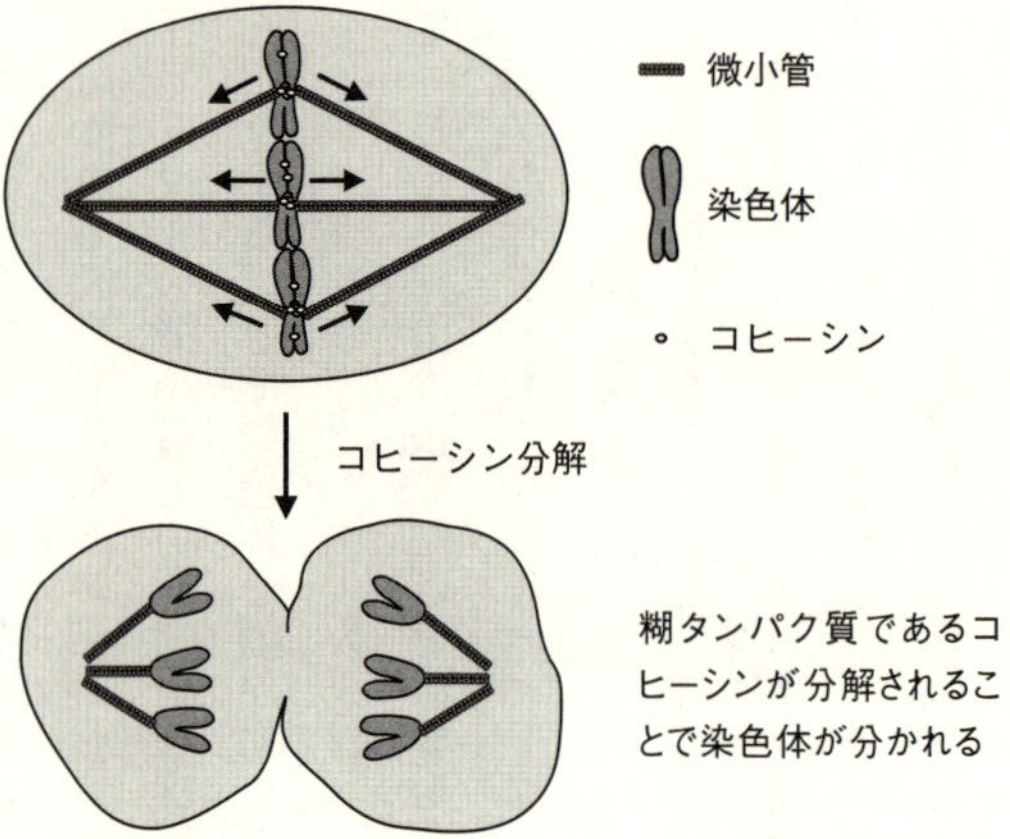

っつけてはいなかった。セパレースという別のタンパク質分解酵素をコントロールしていた。

福岡　セパレースが本命の染色体に働くのですか。

船引　セパレースは「糊タンパク質」であるコヒーシンを分解します。これを見つけたのは、キム・ネイスミス、*[6]ダグ・コシュランド、フランク・ウールマン*[7]らです。こうやって、タンパク質分解が次々と起こって染色体が分かれるのです。ではその反応の引き金は何なのか？

　ヒトの場合、四六組の染色体ペア「すべて」に、微小管が正しい向きでつかなければなりません。全部に微小管がついて初めて、はい、どうぞ、となって一斉に分かれるわけです。一部でもうまくつかないとすべての進行を一旦やめてしまう「チェックポイント」と呼ばれる危機管理システムがあることを、リーランド・ハートウェル[*8]が提唱し、関与する遺伝子をアンドリュー・マレーとアンドリュー・ホイト[*9]が発見しました。しかし、どうやって微小管と染色体の結合が認識され、チェックポイントが解除されるのか？　メカノケミカル[*10]な問題としてとても面白いです。

僕の研究室では染色体分離のマスターレギュレーター[*11]である Aurora B という酵素の制御メカニズムをアフリカツメガエルの系を使って研究してきました。現在は、チェックポイント制御における Aurora B の働きを調べることにより、この問題の解決に貢献できればと思っています。ちょっとメディカル寄りの話をしますと、ガン化した細胞は染色体が四六本ではないことが多いのです。もうむちゃくちゃな数になっている。正確に染色体を分けるシステムがおかしくなっているんですね。その特徴をつかまえて、ガンだけをやっつける薬剤、あるいは戦略を考えられないかという方向に向かっている研究者も増えていますね。

バリバリの唯心論者

福岡　ところで幼少時代はどんなお子さんでしたか。

船引　実は両親はカトリックなんです。小学生のときに父の仕事の関係でロンドンに行きました。よく教会に連れていかれて、そこでキリスト教徒が弾圧されたときの絵や宗教戦争の拷問の絵を見せられました。精神世界や人間の魂、良心、宇宙の果て、そんなことばかり考えていましたね。バリバリの唯心論者みたいな（笑）。

中学、高校はカトリック系の学校に通いました。ただカトリックの学校といっても、信者は全校で中学のとき二人、高校でも四人ほどで、僕は信者ということで文化祭で「唯物論を斬る」みたいな展示をひとりでやってました。

福岡　それがどのように展開して現在に至るのか、興味深いですね。

船引　これが、見事にコロッと変わる瞬間があったわけです。大学生の頃、文系の友だちの下宿で生命の起源とか進化の不思議さについて話していたときのことです。僕が、「増えやすいものが増えているだけなんだよ」って言った瞬間、「ああ、そういうことか！」と胸にストンと落ちたんです。たまたまある環境にいたモノがそこで増えることができたから増えただけ。それより増えやすいモノがたまたまできれば、それがよりたくさん増えて残るだけなんだと。

福岡　肩の荷が下りた感じですね。

船引　ええ。本で学んでいたことでも、友人に語ったことで初めて理解できた感じがあったんです。もう何も不思議なことはないんじゃないかと思いましたね。脳の働きも、ナチュラルセレクション（自然淘汰）の賜物かと。もとはといえば「精神を理解するのに、分子生物学は役に立つのか？」という芸術学の教授の問いに刺激されて勉強し始めたんです。

福岡　なるほど。大学の専攻は京都大学理学部で、化学ですね。

船引　生命現象の基本は化学だと思って。でも化学は既知の事実ばかりを教わっていてつまらないなと感じていたところ、分子生物学の講義で柳田充弘先生が、まだまだわかっていない面白いことがいっぱいあることを強調されていたんですよ。それで、この分野なら自分でも何か発見できるんじゃないかと思って、大学院は柳田先生の研究室に入れていただきました。

福岡　どうでしたか、柳田先生の研究室は。

船引　柳田先生は人間的に魅力のある方で、世界中の一流の学者が来日する際、みんな挨拶に来るんです。おまけに彼らはセミナーまで開いてくれて。思い出すのは、微小管のダイナミクスを発見したティム・ミチソンが来日したとき、ある質問をしたら、「よい質問だ」と言ってくれたことです。柳田先生も「おい船引、ティムがあの質問をしたやつは誰だ、すごくいいスマートな質問だって言ってたぞ」って褒めてくれて、とても印象に残っています。

ティム・ミチソンは今、ハーバード大学におられて、僕が研究室を立ち上げてからもサポートしてくださっています。些細なことですが、彼にちょっと背中を押してもらったのが今につながっています。研究はつまらない作業の連続なんですが、それでもガッツを出してがんばっていると、面白い発見にめぐり合う幸運もあって、大変だけれど、やめられないという感じです。

幸運としか言いようがない

福岡　研究者というのは、ボスのために働くポスドクと、一家を構えて研究しているＰＩ

(Principal Investigator)[*12] とがいて、やはり自分の研究室を持たないと一人前の研究者とは言えないわけですが、船引先生はロックフェラー大学の若手PIのひとりです。ポスドクを何年かやっていると、自分も独立しないといけないっていう意識が高まってきますよね。そのときに必要なものとは何でしょうか？　K99／R00アワード[*13]みたいなものを最初に取るべきなのか……それともポジションを得るべきなのでしょうか？

船引　賞は絶対的なものではありませんが、K99／R00受賞者は、お金を持ってくれるという意味で財政難の大学では重宝されますね。でも、K99を取るためには、ポスドク前期の三年ほどの短期間で主要論文を出さないといけません。つまり、すでにお膳立てされたテーマのほうがやりやすいのです。一方、比較的財政面で恵まれているロックフェラーのような大学は、賞の有無よりどれだけユニークでチャレンジングなことをやれるか、ということを重視していると思います。

福岡　プロミス（有望）を買ってくれる大学、ということですね。

船引　そうですね。これまでの業績の評価は極めて重要ですが、研究の将来性についても入念に議論します。

福岡　船引先生の場合は財政的なサポートはあったのでしょうか。

船引　ロックフェラーからサポートを受けました。一般的なアメリカの大学はスタートアップマネーというのがあって、外の基金に頼らなくても最初の数年は大丈夫なんです。

福岡　ポジションが得られたのは、染色体分配の研究の実績と将来性が認められたからですね。ロックフェラーのどんな人が選考するのですか？

船引　僕のときは、染色体の研究分野での公募で、ティツィア・デ・ランゲ[*14]という方が選考委員会のチェアパーソンをされていました。

福岡　デ・ランゲって、あのテロメア[*15]研究の人ですよね。

船引　そうです。選考委員会の議論をもとに学長が採用の判断をし、理事会で承認されるという形でした。現在は、生命科学のあらゆる分野にまたがった公募を行っていますので、さまざまなバックグラウンドの選考委員を納得させる必要があります。今だったら僕は無理かもしれません（笑）。

福岡　そんなことはないでしょう。でも最初は徒手空拳というか、何もないわけですよね。人員をそろえないといけない。どうやって人を見つけたんですか。

船引　まず、自分の研究と人間性に興味をもってもらうことが重要ですね。そのために大学院生のときから学会でのプレゼンテーションに力を入れていました。どれだけ目立って、インパクトを与えられるか。学会で実際に人と話して仲良くなるのも大事ですね。最初に来てくれたポスドクは、学会で知り合った人です。

福岡　それはすばらしい。

船引　幸運としか言いようがないこともありました。僕がここに着任する三カ月前に、妻がロックフェラーの別の研究室でポスドクを始めていました。そこで知り合った大学院生が、僕が新しくラボを開設することに興味をもって加わってくれました。本当に優秀な人で、彼の奮闘のおかげで二年後に最初の論文を『Cell』（三大科学誌のひとつ）に出すことができました。それが宣伝となって、また新しいメンバーが入ってくれました。

福岡　ポスドクは、大御所のところでやる方法と、船引先生みたいにこれから勃興していくラボの草創期メンバーとしてがんばるという方法の二つの選択肢がありますね。

船引　初めのうちは（若手のラボに行くことを）自分だったら勧めないけど、と弱気に思うこともありましたが、大御所のところに行ってうまくいかないケースもあります。まぁ、その人たちの芽をつむようなことだけはしたくないと思っています。

福岡　今日、お話を伺っていて思ったのは、船引先生は染色体配分のＨＯＷをずっと追究されているということです。その研究はすぐには役に立たないかもしれないし、一〇〇年後もどうかわからない。でもそれがほんとうの科学ですよね。最近の生命科学は役立つ方向に偏りすぎていると思いませんか。

船引　治療に直接役立つような研究が促進されてきているのは肌で感じます。でも、研究費が取りやすいという理由で研究をしようとしても、なかなかユニークなアイデアは出てこないものです。そういう分野は人も多いですから。むしろ興味のおもむくままに研究していくと、思わぬ発見に遭遇することもある。『のだめカンタービレ』（二ノ宮知子著）の言葉で「音楽に正面から向き合う」というのがありますが、科学に正面から向き合ってデータを穴があくぐらい眺めることで、新しい解釈を絞り出すのです。とにかくクリエイティブな発見をしたい、というのが原動力になっていると言ってしまうと怒り出す人もいるかもしれませんが。

福岡　最後の質問ですが、物理学者のエルヴィン・シュレーディンガーは『生命とは何か』

という本を著し、多くの科学者に読まれましたが、あなたは生命とは何だと思われますか。

船引　定義は難しいですが、見たらわかっちゃうというのが面白いですよね。じゃあ、生命を見て直感的に感じるのは何か？　きれいに組織された、やわらかくてみずみずしいものが脈動している、という感じでしょうか。わからないです（笑）。でも、僕は生命の仕組みを探ることによって、その本質に触れたいと思っているのでしょうね。

＊1　井上信也…アメリカ国籍の生物学者（一九二一年～）。医学生物学における偏光顕微鏡の開祖と言われる。

＊2　ティム・ミチソン…ティモシー・ミチソン。イギリスの生物学者（一九五八年～）。カーシュナーと共同で、体外での微小管細胞骨格の動的組織化を発見する。これらの研究は、ガン細胞を退縮させる薬学研究につながった。

＊3　ダグ・コシュランド…ダグラス・コシュランド。アメリカの生物学者（一九五三年～）。細胞分裂における染色体凝縮が本質的な問題であることを明らかにし、カーシュナーによって確認された。

＊4　マーク・カーシュナー…アメリカの生物学者（一九四五年〜）。微小管重合のメカニズム、両生類卵子における有糸分裂調整と細胞分裂、高分子、胚誘導の生物物理学研究に貢献。

＊5　アンドリュー・マレー…イギリスの生物学者。酵母人工染色体を安定したものにする技術を開発。進化実験、遺伝分析、合成生物学、細胞生物学を用いながら、出芽酵母をもとに細胞の機能と進化を研究。

＊6　キム・ネイスミス…イギリスの生物学者（一九五二年〜）。細胞分裂時の染色体分離のメカニズムを発見。ヒトガンとほかの遺伝性疾患における非分離染色体の理解を深めることに貢献。

＊7　フランク・ウールマン…イギリスの分子生物学者。英国フランシス・クリック研究所グループリーダー。

＊8　リーランド・ハートウェル…アメリカの生物学者（一九三九年〜）。同定したCDC28という遺伝子が細胞周期の中心的制御因子であることを明らかにし、二〇〇一年ノーベル生理学・医学賞を受賞。

＊9　アンドリュー・ホイト…アメリカの生物学者。出芽酵母をもとに、有糸分裂紡錘体の構造と、細胞周期におけるその役割の調整を研究。

＊10　メカノケミカル…材料の化学的変化と力学的変化の関係を調べる学問をメカノケミストリーという。

＊11　マスターレギュレーター…下流にある多数の遺伝子を一括して制御する転写因子。

＊12　ＰＩ（Principal Investigator）…主任研究員。

＊13　Ｋ99／Ｒ00アワード…ポスドク後期一〜二年と独立後三年をカバーする研究費。

＊14　ティツィア・デ・ランゲ…オランダの生物学者（一九五五年〜）。遺伝情報の保持と安定に密接に関係のある染色体末端における保護エレメントであるテロメアの研究をしている。

＊15　テロメア…染色体の末端部分に見られる塩基配列の構造。

対談を終えて

五名の研究者との対談を通して私が知りたかったことは二つあった。

ひとつは、この章の冒頭でも述べた、「生命とは何か」という問いへの答えだ。二〇世紀の生命科学は、「自己複製するシステム＝生命」という前提のもとに展開してきた。しかし、生命のダイナミズムを考えたときに、果たしてその研究姿勢は適切なのだろうか？第一章でも述べた通り、ここで言う「自己複製」とはＤＮＡの二重らせん構造のように生命を情報の側面から繙くスタンスを意味している。この先、情報面だけを注視する研究がスタンダードになっていけば、やがて動的平衡のような生命観は軽視され、生命の本来備えている特性が見落とされてしまうかもしれない。私が氏らにこの問いを投げかけた背景には、そんな危機意識があった。今回の対談で、ウィーゼル氏やマキューアン氏が私のこの考えに賛同の意を示してくれたのは、一研究者として大きな励みとなった。

そして私が氏らに尋ねたかった二つ目の問いは、論文や教科書には書かれていない研究者たちの原体験やパーソナリティーに関することだった。数学少年だったグリーンガード氏や、友人との雑談をきっかけに細胞生物学への道を歩み出した船引氏のエピソードを聞いて改めて確信したことだが、優秀な科学者とは大人になった今も若かりし日のみずみずしい探究心を大切に抱き続けているものだ。この対談を通して、普段は目に触れることが少ない科学者の人生とその研究の日々に新たな角度から光を当て、血を通わせることができたように思う。

私はこれまで、京都大学、ロックフェラー大学、ハーバード大学、青山学院大学と研究機関を渡り歩いてきたが、中でも最も自由な気風を感じたのがロックフェラー大学だった。学長を務めたウィーゼル氏やナース氏は、同校を「科学村」と呼んでいたが、厳しくも人情味のある校風は、まさしくこの愛称に集約されているのではないだろうか。

ロックフェラー大学の先人たちから学んだ、奔放で真摯な研究姿勢は、今も私の身体に深く染みついている。

第三章　ささやかな継承者として

解明すべき課題

二〇世紀初頭、経済の急速な隆盛を実現しつつあった米国が、生命科学のイニシアティブをヨーロッパから奪い取って、なんとか自国の中に拠点を確保し、あわよくば世界のリーダーシップを樹立したいと願ったことは当然である。科学の振興こそが、経済の発展に不可欠のことだった。かくして財閥ロックフェラー家に資金提供をあおぎ、マンハッタン・アッパーイーストサイドの一角に、ロックフェラー医学研究所が設立された。これが現在のロックフェラー大学の前身である。当時の写真を見ると、イースト・リバーの崖の上に急ごしらえした研究棟がポツンと建っているのがわかる。そばでヤギが草を食んでいる。まわりにはまだ建物などなく、農地が広がっていた。

生命科学の新しい拠点として設立されたロックフェラー医学研究所の目論見は、その後、見事に功を奏する。二〇世紀、生命科学はどんどんその精度を上げていった。個体から細胞へ、細胞から細胞内部へ、細胞内部からタンパク質へ、タンパク質から遺伝子へ。生物学は、還元論的階層を次々と降下していった。ロックフェラー大学の科学もまさにこの潮流のまっただ中にあったのである。

さて、私もまた、このロックフェラー大学における研究史のささやかな継承者のひとりとして、研究材料に膵臓の細胞を選んだ。これが細胞の分泌現象の研究モデルとして最適のものだったからである。

分泌現象にはまだまだ解明すべき謎が多く残っていた。そのひとつは細胞膜のダイナミズムということだった。細胞膜とは、それ自体は静的で安定した構造体で、薄いながらも丈夫なシートのようなものだ。しかし細胞内ではそれが動的に流動し、あるときは小胞体を形成し、またあるときはタンパク質を包み込んで移動する分泌顆粒となり、最後には一番外側の細胞膜と融合して開口部を作って分泌タンパク質を放出する。細胞膜はいかにしてかくも変幻自在に形を変えることができるのか。これが私たちの解明すべき課題だった。

ヒト・ゲノム計画前夜の虫捕り少年

私が行っている研究の本題に入る前に、生命科学史における大きなパラダイム・チェンジである、ヒト・ゲノム計画について説明しておきたい。

この計画が完成したのは二〇〇三年のこと。遺伝暗号の端から端までがすべて解読され、そこに載っている情報が漏れなくデータベース化された。ゲノムと呼ばれる、三〇億文字からなるヒトのDNA全体を網羅的に解読してしまおうという計画に対しては、当初（八〇年代の終わりから九〇年代初頭にかけて）内外の科学者自身からも懐疑的な批判がなされた。「そのような機械的な作業は科学とはいえない」という彼らの主張は確かに正論かもしれない。DNAは意味のないジャンク配列（遺伝子と遺伝子のあいだのつなぎ＝CDでいえば曲と曲のあいだの無音部分）が大部分を占めており、それをいちいち読み進めていくのは無駄が多く、時間が掛かりすぎる。青函トンネルを手で掘るようなものだ……。

しかしそのような雑音をものともせず、ヒト・ゲノム計画は実行された。一方では米欧日を始めとする国々の国家プロジェクトとして（つまり税金を投入した公的な研究として）、もう一方ではベンチャー企業が先導する商業的なプロジェクトとして、陣営がしのぎをけずる形で競争し、結果的に、ほぼ同時にヒト・ゲノムは完全に解読された。それが二〇〇三年のことだった。今ではヒト・ゲノム情報は、誰もがアクセスできるデータベースとして公開され、生命科学研究になくてはならない基本地図となっている。

私が研究者の卵として生命科学研究の道に入ったのは一九八〇年代が幕を開けた頃。まだ、ヒト・ゲノム計画開始の前夜だった。だから、それぞれの研究者がそれぞれの興味をもって自分の研究対象の遺伝子を追い求めていた。それは新種の虫を求めてジャングルに分け入るような興奮に満ちていた。

というのも、もともと私は生物学者になる以前は、捕虫網を手に、きれいな蝶やめずらしいカミキリムシを追って山野を駆け回るような昆虫少年だったから。私の夢は、図鑑にも載っていない新種の虫を捕まえて、自分で命名し、それを新たに昆虫図鑑に載せることだった。実際、何度も「これこそは新種だ」と思って虫を捕まえたことがあったのだが、それらは東京の郊外では滅多に見かけないだけで、新種でもなんでもなかった。日本に存在する昆虫のほとんどは、江戸時代後期から明治時代にやってきたシーボルト、ルイス、ベイツといった学者たちに代表されるような博物学に通じた外国人によって「発見」され、軒並み学名を付けられてしまっていた（無論、それらは日本人にとっては昔からなじみのある昆虫だった。ここでもスケールの差こそあれ、コロンブスによる「アメリカ発見」と同じような図式があったのである）。もちろん、ずっと後になって沖縄本島北部の山奥に潜んでいたヤンバルテナガコガネのような大型新種が発見されることもあったが、それはまた別の話だ。都会の少年の手が届く世界ではない。

小学校中学年の頃には、本当に新種の虫を採集したと確信して、上野の国立科学博物館に持ち込んだこともあった。たしかあれは台風の翌日。自宅の前でアオギリの木が横倒しになっているのを見つけた私は普段目に触れることのない高い梢の部分を注意深く観察していた。すると、テントウムシほどの大きさの鮮やかなエメラルドグリーン色をした虫が目に留まった。当時の私は、すでに保育社や北隆館の昆虫図鑑を隅々まで繰り返し読んで日本産の昆虫のほとんどを諳んじていたものだから、その虫がどの図鑑にも載っていないとすぐにわかった。

高揚感が身体の中心を突き抜ける。

私はエメラルドグリーン色に光るその虫をそっと捕まえて、大切にガラス瓶の中に入れると、家と図書館の図鑑で丹念に照合した。しかし、やはりこんな虫はどのページにも載っていなかった。テントウムシでもなければ、コガネムシでもない。ましてやゴミムシやオトシブミの仲間でもなさそうだ。私はいてもたってもいられなくなり、その虫を入れた小瓶を握りしめて、国立科学博物館へ向かった。そこには大量の昆虫標本が展示されているのを知っていたからだ。現在の「科博」は、新館が増築され、恐竜展や進化展などの意欲的なテーマ企画で人気を博しているが、昭和四〇年代当時は訪れる人を緊張させる厳(いかめ)しい門構えで、薄暗い構内に干からびた標本が並ぶ陰鬱な場所だった。首狩り族の作ったミイラなどの展示もあり、小学生の私にはおどろおどろしく感じられたものだ。

受付の親切な女性は、息せき切って駆け込んできた小学生を不憫に思ったのか、どこかに電話をかけた後、「昆虫専門の先生が見てくれるそうなので案内します」と館内へ通してくれた。私はそのときに初めて、博物館に一般人が立ち入れないバックヤードがあることと、そこに山積みの標本で埋もれた別世界があることを知った。そこで丁寧に対応してくれたのが、当時、博物館に在籍されていた黒沢良彦(くろさわよしひこ)先生だった。むろん、その方が日本を代表する昆虫学の泰斗であることなど知る由もない。当時の私は、博物館の裏側に研究棟があり、そこに昆虫の標本箱に埋もれてなにやら研究している偉い先生がいるという事実を初めて目の当たりにして、ただただ感激していた。

黒沢先生は、私が捕らえた小さなその虫をレンズで拡大してさまざまな角度から検分した後、「これはどのような状況で採集したものか」と私に尋ねた。捕まえた場所や日時、そのような細部が大事なのだ、と。そして鑑定の結果、夢はあえなく潰えた。私の捕らえた虫は、ありふれたカメムシの幼体だったのである。不完全変態の昆虫であるカメムシは、卵から生まれたときにはすでに小柄ながら成虫と変わらない形をしている。ただし脱皮のたびに色や大きさが変化するため、図鑑には成虫しか掲載されていないのだ。つまり、私は単に成虫以前の過程にあるカメムシの姿を知らなかっただけだった。

しかし、黒沢先生は決して断定せず、「たぶんそうだと思われるが、もう少し育てて様子を見なさい」と言ってくれた。新種発見とはならなかったが、むしろ私は朗らかな気分で高揚していた。科学者と呼べる人物に初めて触れることができたからである。私は、新種の虫の代わりに、自分の将来の「職業」を発見したのだった。

さて、本題に戻ろう。ヒト・ゲノム計画前夜、細胞の森の内部に分け入ると、そこに散在している遺伝子は、ほぼどれも新種の遺伝子だった。虫の新種を捕まえることができなかった私は、新しい遺伝子を捕まえる喜びに心を奪われた。

もちろん、今となっては、どんな遺伝子であれ、ヒト・ゲノム・データベースの中のほんの一行にすぎないのだが、当時の私は、虫捕り網を捨て去り、遺伝子工学の研究機器に持ち替えて、一心にある遺伝子を追っていった。それはＧＰ２（グリコプロテイン2型）遺伝子と名付けられたものだった。グリコプロテインとは糖タンパク質のことで、タンパク質に炭水化物の鎖が結合してできた特殊な分子だ。細胞膜に結合しており、細胞の内外をつなぐ重要な役割をしていると目された。

そのＧＰ２を捕まえるのだ。世界に先駆けて。

GP2の居所

ＧＰ２遺伝子は、タンパク質としてのＧＰ２の設計図である。ＧＰ２遺伝子にＧＰ２タンパク質のアミノ酸配列が暗号化されており、細胞内で、その暗号にしたがってアミノ酸が順次連結されていくと、ＧＰ２タンパク質ができあがる。

私がＧＰ２に興味をもったのは、その存在場所が特殊だったからである。通常、細胞のタンパク質は作られた後で、それぞれ適材適所に配置される。レセプターのように細胞外からのホルモンを受け取る役割を持つタンパク質は、細胞の表面にアンテナのように突き出して配置されるし、ＤＮＡの複製や修復に関わる酵素群は、ＤＮＡが格納されている細胞核の内部に運ばれる。酸化呼吸に関係するタンパク質はミトコンドリアの中に、ごみの分解を担当する強力なタンパク質分解酵素は、リソソームというごみ処理場の囲いの中にそれぞれ封じこめられている。つまり、新しいタンパク質を見つけたとき、特定の存在場所を知ることができれば、そのタンパク質の役割を推察することができるわけだ。

しかしGP2は、膵臓の細胞の分泌顆粒の内側にだけ局在していた。そんな変わった場所にあるということは、それだけ特殊な任務を帯びている、ということになる。

第一章でパラーディの研究を紹介した際にも説明した通り、膵臓の約九五パーセントは、消化酵素を生産し、消化管へ送り出す消化酵素産生細胞が占めている。私たちが普段あまりよく嚙まずに食事をしても食べ物が消化管で吸収できる低分子のサイズにまで分解され、ちゃんと栄養素として利用されるのは、膵臓が日々大量の消化酵素を生産してくれているおかげなのだ。

消化酵素は、どんな食物が来てもきちんと分解できるように、多種多様な酵素の組み合わせからなっている。タンパク質分解酵素（プロテアーゼ）、炭水化物分解酵素（アミラーゼ）、脂質分解酵素（リパーゼ）。タンパク質分解酵素の中にも、大きなタンパク質をざっくり切り分けることができるトリプシンやキモトリプシンから、それを端からチョンチョンと細かくちぎっていくペプチダーゼまで、いろいろなタイプが準備されている。植物性のものにせよ、動物性のものにせよ、食べ物はもとはといえば他の生物の身体の一部なので、タンパク質、炭水化物、脂質のほか、大量のＤＮＡ、ＲＮＡが含まれている。とくに、タラコやイクラなどの魚卵はＤＮＡの塊のような食材だ。消化酵素の中には、これらを効率よく分解できるようにＤＮＡ分解酵素、ＲＮＡ分解酵素もたっぷり含まれている。これら消化酵素群の総攻撃によって、食品は完膚なきまでに分解され、タンパク質はアミノ酸に、炭水化物は糖にまで細分化されたのち、すみやかに吸収される。

ちなみに消化の意味は、大きな物質を小さな物質に分解して吸収しやすくする、ということだけにとどまっているわけではない。その背景にもっと大きな意義を持っている。今書いたように、食べ物はもともとほかの生命体の一部である。そこには元の持ち主の生体情報がぎっしりと書き込まれている。細胞表面にはその生物固有の分子情報が描かれており、細胞内のタンパク質にもその生物だけの特殊な情報がしまわれている。もし、これら他者の生体情報が、いきなり私たちの体内に入り込んできたらいったい何が起こるだろうか。そのときには文字通り、情報の混乱、混線、衝突が起きてしまう。私たちの身体を守ってくれている免疫システムは、自己の生体情報と他者の生体情報を鋭敏に見分けることができるから、細菌やウイルスのような外敵が攻め込んできたものと勘違いして一斉に攻撃を開始するだろう。

毎日食べる食品に対して、いちいち攻撃を仕掛けていたら、身体は大変な混乱の中に置かれ、発熱、炎症、拒絶のような激しい反応に見舞われた後に、たちまち消耗してしまうことになる。そこで消化が重要な意味を持つのだ。食物に内在している他者の生体情報を完全に解体することによって、免疫システムが食物に対していちいち戦いを挑まないで済むようにしてくれる。つまり情報の解体こそが消化の本質的な意味なのである。それはちょうど、文章をアルファベット（あるいは日本語なら五〇音）のレベルにまで解体することによって、そこに書かれていた情報を消去することに相当する。実際、タンパク質はアミノ酸の特別な配列によって、その機能を発揮するわけだから、タンパク質＝文章、アミノ酸＝アルファベット、と考えることができる。

前置きが長くなってしまったが、GP2とは、この消化酵素の輸送に密接に関わる、分泌顆粒という装置の中に存在しているわけだ。

消化管は生命の最前線

膵臓は日々、大量の消化酵素を合成し、それを細胞内の安全な場所に格納している。そして肉などのタンパク質、穀物などの炭水化物、脂質類などの雑多な食品成分を分解（消化）・吸収するために膵臓から消化管に分泌される消化酵素は生体にとって両刃の剣、ある意味、危険物でもある。なぜなら私たちの身体もタンパク質、炭水化物、脂質で構成されているからだ。もし消化酵素が膵臓から漏れ出し、消化管以外の場所に侵入したら自分自身の細胞や組織が消化されて大変なことになる。そこで膵臓では、危険物たる消化酵素を厳密に包装してカプセルのような球体の中に格納して貯蔵している。このカプセルこそがＧＰ２の居所である分泌顆粒だ。

膵臓の細胞を顕微鏡で見てみると、多数の分泌顆粒が細胞内に蓄積されているのが確認できる。このカプセルの内容物が消化酵素であり、膵臓は厳重に制御された輸送方法で分泌顆粒を消化管の方向だけに送り出す。その結果、消化酵素は生体を傷つけることなく、消化管内のみで働き、食品成分を分解してくれるわけだ。

ここで鋭い読者の中には、「消化酵素は消化管に対しては悪影響を与えないのか」と疑問を抱く人がいるかもしれない。小腸や大腸もまた細胞の層でできており、タンパク質や脂質の膜で構成されているのであれば、消化酵素が食品を消化すると同時に、私たち自身の消化管を消化することもあるのだろうか？

答えはイエス。あなたの疑問は正当だ。一旦消化管に分泌された消化酵素にとって敵味方の区別はない。目の前のタンパク質、炭水化物、脂質をただただ分解することに邁進する。それが食品だろうと消化管だろうとかまわない。だから私たちの消化管の壁は絶えず消化酵素の攻撃を受けているのだ。

私たちの消化管は内側に折りたたまれた皮膚の延長だ。私たちの身体はいってみればちくわのようなチューブであり、口と肛門で外界とつながっている。入り口と出口をつなぐ消化管は、体表の皮膚と同様、生物と外界との最前線、インターフェイスにある。そこでは消化・吸収が絶えず行われ、その分、消化管自身もどんどん消耗していく。食品成分との摩擦もあるし、消化管内に生存している腸内細菌とのせめぎ合いもある。

それゆえ、消化管は体表の皮膚と同様、常に更新されなければ消耗と疲弊に追いつかない。かくして私たちの消化管の細胞は、私たちの身体の中で最も新陳代謝の回転数が高い細胞となっている。消化管の一番表面にある上皮細胞は、大体、二、三日で入れ替わる。古い細胞が剝がれ落ち、新しい細胞に取って代わられる。消化酵素の消化作用を受けつつ、もろとも急速に更新されているのである。

だから実は私たちのウンチの主成分は私たち自身なのである。消化管から剝がれ落ちた上皮細胞の残骸。ウンチは消化されなかったものが排泄されているのではなく（とうもろこしの皮とかミカンの筋とか植物性の難消化物はもちろん排泄されるのだが、それはごく少量）、大部分は自分自身のなれの果てなのである。ウンチの残りの成分は、これまた絶えず世代交代している腸内細菌の死骸である。こうして私たちは日々、生まれ変わっているのである。これを私は生命の「動的平衡」と呼んでいる。

GP2を「抽出」する方法

ここで少し話を戻そう。私の研究のテーマは、この消化酵素のカプセルである分泌顆粒の表面に存在しているGP2というタンパク質分子の正体を明らかにし、その役割を突き止めることだ。そのためにはGP2だけを細胞の中から取り出してこなければならない。混じり物が共存していると、何が何をしているのかわからないし、ある分子の働きを別の分子が邪魔したり、妨害したりすることだってある。

混じりけなしに、単一の分子だけ——私の研究の場合、GP2だけを——、純粋な形で細胞から抽出する作業、これを「単離精製」という。生命科学の基本中の基本である。たとえていうならば、ミックスナッツの中から、カシューナッツだけを選り分けて集めるようなもの。でも細胞の中には何千種類ものタンパク質分子が散らばっている。しかも一種類の分子だけでも何十万個、何百万個、あるいはそれ以上、存在している。だからミックスナッツの総量は、バーのカウンターに出てくる小皿に盛ってあるような程度ではなくて、空にした市民プールに、土砂を満載したトラックが次々とやってくるかのように、どっさりと粒々が積み上がっている。しかもミックスナッツと全然違うのは、一粒一粒は目で見ることができないという点。顕微鏡でも見えない。おまけに、このプール一杯のミックスナッツの山の中に、目的とするカシューナッツがどの程度、含まれるのかも皆目わからないのである。普通だったら、一〇粒拾えば、ひとつくらいはカシューナッツが含まれるだろうけれど、細胞におけるGP2の存在量はもっとずっと少ない。一万粒にひとつ、あるいは十万粒にひとつくらいの割合しか含まれていない。

そこでどのような作戦と方法で「単離精製」を行えばいいか、ということが頭の使い所になる。まずはタンパク質分子の大きさによってふるい分ける方法がある。タンパク質分子には固有の大きさがある。ちょうど、ミックスナッツの中にも粒が大き目のものもあれば、小さ目のものもあるのと同じだ。うまい具合に間隔の空いた金網のふるいを使えば、これを選り分けることができる。ふるいの上に残った粒は大きいナッツ。ふるいの下に落ちた粒は小さいナッツ。これと同じ原理で、混在するタンパク質分子をふるいにかける「ゲルろ過」という方法がある。

細胞を丁寧な方法ですりつぶすと、細胞の中身を傷つけずに、細胞を包む細胞膜だけを破ることができる。ちょうどブドウの皮を取るように。こうして細胞の中身を試験管に集める。ここにはさまざまなサイズのミックスナッツが浮遊している。これをゲルろ過というふるいに通すと、分子の大きさによってタンパク質を選り分けることができるのだ。

そうはいってもこれだけでは単離精製としては不十分である。ミックスナッツの中にも、大きさはだいたい同じでも異なる種類のナッツがある。それと同じで、ゲルろ過によって、GP2のサイズのタンパク質分子だけを細胞内から選り分けて集めてきても、GP2とは異なるものの、同じくらいのサイズの分子が多数混在している状態にまでしか精製できない。

そこでここから先は、また別の方法で分子を選り分ける方法を考えることになる。これまた実験科学者の頭の使い所だ。生物学の実験とは、こんな風に目には見えないミクロな粒々の挙動をあれこれ想定しながら、手探りで暗がりのなかを進むようなものなのである。

ここから先はミックスナッツのたとえはちょっと使えない。というのもタンパク質が持つ電気的な性質の差や、水に対する親和性の差などを利用して粒子を分ける方法を使うからだ。ミックスナッツのことはひとまず忘れることにして、タンパク質の成り立ちを考えてみたい。そもそもタンパク質とは、アミノ酸が連結してできたものだ。そしてアミノ酸は二〇種類の異なる性質のユニットで、この順列・組み合わせによってタンパク質の大きさや性質が決まる。つまり、さまざまな形のブロックのようなものだと考えてもらって構わない。GP2はすべて同じアミノ酸の順列・組み合わせでできているので、同じ大きさと性質を有した分子となる。

アミノ酸の中には、電気的にマイナスの電荷を帯びたものとプラスの電荷を帯びたものがある。マイナスの電荷とプラスの電荷は互いに引き合い、打ち消し合う。だからひとつのタンパク質分子の中に同数のマイナス電荷とプラス電荷が存在すれば、そのタンパク質は電気的に中性となる。

マイナス電荷が多ければ、分子全体としてマイナスの性質を帯びることになる。プラス電荷が多ければ、分子全体としてプラスの性質を帯びることになる。

今、小さなプラスチックの水槽のようなところに電気を通す溶液（食塩水のようなものでよい）を入れ、水槽の両端に電極を設置する。一方がプラス電極で、他方がマイナス電極である。この電極に弱い電圧をかける。すると食塩水の中に電気が通る。さらにタンパク質の混合液を水槽の真ん中あたりにそっと入れると、タンパク質のうち、マイナス電荷を帯びた分子はプラス電極の方向に引き寄せられ、プラス電荷を帯びた分子はマイナス電極の方向に引き寄せられる。電気的に中性のタンパク質分子（プラス電荷とマイナス電荷がちょうど打ち消し合っているような分子）は、どちらの極にも引き寄せられず、水槽の真ん中あたりにとどまる。

このようにして、タンパク質はその電気的性質に応じて、仕分けすることができるのである。たとえタンパク質の分子サイズが同じであっても、電気的性質はタンパク質のアミノ酸組成によって少しずつ異なる。これを利用して分別するわけだ。

このほかに、タンパク質がどの程度、水に溶けやすいか、逆に、水に溶けにくいかの差を利用してタンパク質を分別する方法もある。これもそのタンパク質がどれくらい親水性（水に溶けやすい）のアミノ酸を有しているか、どれくらい疎水性（水に溶けにくい）のアミノ酸を有しているかでその性質が変わってくるのである。

これらの各種タンパク質分別方法を何通りも、いろいろと組み合わせながら、少しずつ特定のタンパク質だけの集合体にしていく。これが単離精製である。それは気の遠くなるような、非常に根気のいる作業となる。しかし単離精製ができないことにはタンパク質の性質を見極めることができない。純粋さとは研究にとって最も重要な基準になる。

世界地図の「空白」を埋める旅

ヒト・ゲノム計画が完成し、今ではすべての遺伝子情報がデータベース化されているので、研究に必要なＤＮＡ配列は、コンピューターを使ってちょっと検索すれば誰でもすぐに知ることができる。つまり地図にはすべて地名・番地が記入され、どこに何があるか簡単に調べられる。

しかし、私が分子生物学の研究を始めた頃はまだそんなことは夢の夢だった。地図にはまだまだ空白の部分があり、未知の大陸が広がっていた。つまりゲノムＤＮＡ情報は大半が未解明だった。

そこで私たちは、まず細胞内にあるタンパク質を捕まえ、アミノ酸配列の一端をなんとか解析し、その情報をもとにゲノムＤＮＡにアプローチすることにした。

ゲノムＤＮＡには、タンパク質のアミノ酸配列情報が暗号化されて記録されている。だからアミノ酸配列がわかれば、それに対応したＤＮＡ配列が推定でき、そのようなＤＮＡ配列をゲノムの中に見つけることができれば、目的とするタンパク質の遺伝子情報がゲノムのどこに記録されているか、そのアドレスがわかる。

このようにして私たちは少しずつ世界地図の空白を埋める作業をしていた。それは気の遠くなるような作業だった。近い将来、ヒト・ゲノムの全容が解明され、その全情報が小さなパーソナルコンピューターの中に入ってしまう日が訪れるなどということは誰にも想像できなかった。

前述した通り、タンパク質のアミノ酸配列を決定するためには、そのタンパク質を細胞の中から純化してくる必要がある。雑多なタンパク質が浮遊している細胞からたった一種類のタンパク質だけを単離・精製してくる。それが必須だった。もしサンプルの中に二種類以上のタンパク質が混在していると、タンパク質のアミノ酸配列情報は互いに雑音によって打ち消され、どれが真のシグナルなのか見分けがつかなくなる。

今、t-h-i-s-i-s-a-p-e-n- というアミノ酸配列を持つタンパク質と、i-l-i-k-e-a-c-a-t- というアミノ酸配列を持つタンパク質が同時にサンプル中に共存しているとしよう。アミノ酸配列は二〇種類のアミノ酸の順列組み合わせで構成されるので、ちょうどアルファベットの文字列で表現できる。

しかしこの配列自体をそのまま観察することはできない。どんなに高性能な顕微鏡を使ったところでタンパク質の存在はなんとか見えたとしても、そのアミノ酸配列までは小さすぎて見極めることができない。

そこでアミノ酸配列は化学的な反応によって解析される。まずタンパク質を特殊な試薬で処理して、先頭に位置するアミノ酸を切り離し、それが二〇種類のアミノ酸のうち、何であるかを調べる。先の例だと、tとiということになる。次いで同じ操作が繰り返される。タンパク質の先頭から二番目のアミノ酸（先ほど、先頭のアミノ酸を切り離したので今や二番目のアミノ酸が先頭のアミノ酸となっている）を切り離し、特定する。これは先の例に照らせば、hとlということになる。

しかし研究者はここでハタと困惑することになる。tのあとに位置するアミノ酸がhなのかlなのか、わからない。一方、iのあとに位置するアミノ酸がhなのかlなのかもわからない。

つまりこの方法でアミノ酸配列を順に決定していくためには、分析対象となるタンパク質がサンプル中にたった一種類だけ存在していることが絶対条件となる。そうでないと順にアミノ酸を切り離していったとき、連続した単一の配列情報を得ることができない。

かくして私たちは、ＧＰ２タンパク質を純化することに全力を集中した。ＧＰ２が含まれている膵臓を実験動物から摘出し、タンパク質が分解してしまったり、変性してしまわないように、温度が４度に保たれた低温室に籠って、来る日も来る日もすりつぶしたり、ゲルろ過にかけたり、電気泳動を行ったりしながら一歩一歩、ＧＰ２タンパク質をほかのタンパク質から注意深く選り分けて単離・精製していく。低温室での作業に耐えるため、研究者は厚手のスキーウエアなどを着込んで実験を進めるのだか、長時間にわたる作業のため寒さが骨身にしみる。そして出口が見えない研究の焦燥感から、だんだん心までもが凍てついてくる。

その日、私たちは争うようにしてデータシートに目を凝らした。まるで試験の結果が書かれた成績表に食い入るみたいに。とはいえデータシートに現れているのはテストの点数ではなく、プリンターからたった今、打ち出されたギザギザの折れ線グラフである。

これは精製タンパク質のアミノ酸配列を分析した結果だった。精製タンパク質を特殊な化学反応で処理し、一番先頭のアミノ酸を切断する。タンパク質は特別な合成樹脂の膜面に固定されているので、切断された先頭のアミノ酸だけが溶液中に遊離してくる。この溶液を回収し、今度は、高速液体クロマトグラフという分析器に注入する。先に述べたように、タンパク質を構成しているアミノ酸は二〇種あり、それぞれ、大きさ、電気的性質（プラスの電荷を持つか、マイナスの電荷を持つか、あるいは電気的に中性か）、水への溶けやすさ（親水性か疎水性か）などが異なっている。この個性の差を利用すると、二〇種のアミノ酸を峻別することができる。

高速液体クロマトグラフには、細いチューブ状のカラムと呼ばれる管があり、この管に一定の速度で溶液が流されていく。カラム内部には固相剤が充塡されている。各アミノ酸はこの固相剤とくっついたり離れたりしながら運ばれるのだが、アミノ酸の性質によって入り口から入り、出口から出てくる時間が異なる。出口のすぐあとに光学的にアミノ酸の量を検出する装置が接続されていて管の中を通ってくるアミノ酸の量を測定できる。ただし、それが二〇種類のうちどのアミノ酸なのかまでは判別できない。検出できるのは量だけである。しかしカラムの中にどれくらいの時間滞留していたのかはアミノ酸によって異なるので、この滞留時間を正確に測定すれば、それがどのアミノ酸なのか言い当てることができるのだ。固相剤は疎水性のアミノ酸に親和性があるものが選ばれている。したがって水に溶けにくいアミノ酸、サイズが大きなアミノ酸ほど固相剤とくっつきやすい。つまりカラムを通過するのに時間がかかる。逆に、水に溶けやすいアミノ酸、小さなアミノ酸ほど固相剤とくっつきにくい。つまりカラムを通過する時間が短くなる。そしてこの長短はアミノ酸によって少しずつ違ってくる固有のものとなる。

私たちのアミノ酸配列分析機の高速液体クロマトグラフでは、D（アスパラギン酸）、E（グルタミン酸）、N（アスパラギン）、Q（グルタミン）、S（セリン）、T（スレオニン）、H（ヒスチジン）、G（グリシン）……という順番で、カラムから出てくるように設定されていた。アスパラギン酸とグルタミン酸は、強いマイナスの電荷を持った酸性アミノ酸、セリン、スレオニンは水酸基という水と親和性の高い部位を有したアミノ酸である。このようなアミノ酸が先行してカラムから溶出される。疎水性の強い、I（イソロイシン）、L（ロイシン）といったアミノ酸は一番後のほうにやっとカラムから解放されて出てくる。もちろんこれは多種類のアミノ酸を混合して流した場合、流出してくる順番という意味である。もし単一のアミノ酸だけがカラムを通れば、そのアミノ酸が固有に持っている滞留時間を経て、単一のピークが検出されることになる。

機器をきちんと調整しておけば、各アミノ酸の滞留時間は再現性よく、繰り返し同じパターンのデータが取得できる。これによって未知のタンパク質のアミノ酸配列情報を知ることができるのである。

しかし問題は、タンパク質の純度だった。もしタンパク質の精製が想定しているほどうまくできておらず、目的とするタンパク質以外の余分なタンパク質を混入物として含んでいたとすれば……このようなサンプルをアミノ酸配列分析装置にかけると、まず一番先頭のアミノ酸が切断されることになるが、これは純粋にたった一種のアミノ酸ではなく、二種、もしくはもっと複数のアミノ酸の混合物になってしまう。すると高速液体クロマトグラフのカラムで分析したアミノ酸のデータも、複数のピークが乱立することになる。これではタンパク質のアミノ酸配列を正確に知ることはできない。

私たちが固唾を呑んで凝視したのもそこだった。アミノ酸分析の結果が果たして、たった一種類のアミノ酸に限定されて出てくるかどうか。プリンターから打ち出されたロール紙の上のグラフは、グリシンが流出されるべき滞留時間においてすらりとしたピークを描き出していた。ほかに目立ったピークはない。成功だ。タンパク質は純化されている。そして先頭のアミノ酸はグリシンだと判明した。

私たちは最初のグリシンピークがすっくと立ち上がり、ほかに目立ったアミノ酸のピークがなかったことに——つまりGP2タンパク質が純化されていることに——、深く安堵した。同時に快哉を叫んだ。「これでGP2の正体を解き明かすことができる！」と。

私たちは喜び勇んで、アミノ酸配列分析の化学反応を進めた。同じサイクルを繰り返すのだ。そうすると先頭のグリシンを切り離されたタンパク質の、新たな先頭となったアミノ酸（つまりもともと二番目に位置していたアミノ酸）を特定することができる。これは正解だった。今度も混じりけのないすらりとしたピークを得た。

こうして私たちは、なんと先頭から数えて一五番目まで、GP2のアミノ酸配列をほぼ完全に知ることができた。さすがにサイクルの回数が増えていくとサンプルが少なくなり、ノイズも徐々に増えてきて、アミノ酸を特定するのが困難になってくる。しかし一五番目までが解読できたのは大きな成功だった。

新たなアプローチ

タンパク質の生命線はそのアミノ酸配列にある。固有のタンパク質は固有のアミノ酸配列を持つ。アミノ酸配列がわかれば、そのタンパク質の構造、機能、生物学的役割を特定する研究が飛躍的に前進する。

一番目のアミノ酸と二番目のアミノ酸の配列順を決めたということは、考えうる全アミノ酸配列の順列組み合わせ四〇〇通り（二〇×二〇）のうち、たった一通りを特定できたことを意味する。三番目を含めると八〇〇〇通りのうち一通りを、四番目を含めると一六万通りの可能性のうち一通りを特定できたことになる。

私たちは今やGP2タンパク質の最初から一五番目までのアミノ酸配列情報を手中にしているので、その情報の価値は、二〇の一五乗分の一である。細胞の中に存在するタンパク質は数万種類以上あるわけだから、アミノ酸三つや四つが連結した配列なら、さまざまなタンパク質の配列の一部として発見できることもあるだろう。しかし一五個のアミノ酸によって特定される配列を持つタンパク質はほぼGP2以外ありえない、ということができる。

だが、ゆくべき道のりはまだまだ遠かった。私たちはGP2のアミノ酸配列を完全に知る必要がある。そうでないとタンパク質分子の全体像がわからない。GP2分子の大きさは、約五万ダルトンである、という情報を私たちは電気泳動やゲルろ過の結果から得ていた。ダルトンは分子のサイズを表す単位だ。分子の大きさから、そのタンパク質が一体、何個くらいのアミノ酸が連結してできているかを想定することができる。五万ダルトンのタンパク質はおよそ五〇〇個のアミノ酸が連結してできたものだ。アミノ酸ひとつはおよそ一〇〇ダルトン、という単純な計算である。

つまり、私たちは五〇〇個のうち、最初の一五個のアミノ酸配列を知っただけにすぎない。たった三パーセント。小説なら最初の数ページを読んだだけの状態だ。喜ぶには早すぎる。

私たちの目的は、アミノ酸配列全体を知ることだ。しかし先頭からひとつずつアミノ酸を切り離して、それがどのアミノ酸であるか決定していく方法には限界があった。このサイクルを進めていくと、サイクルごとに少しずつノイズが増加していって一〇サイクル目くらいになると、アミノ酸分析データのどのピークがほんとうのシグナルで、どのピークがノイズなのか判定がしにくくなってしまうのである。だから一五番目までアミノ酸配列情報が得られただけでも幸いだった。

私たちはアプローチを変えることにした。GP2を切断して、パーツにわけ、そのパーツのアミノ酸配列を分析する。そうするとGP2内部のアミノ酸配列情報を得ることができる。タンパク質をパーツに分けるには幾つかの方法が知られていた。そのひとつがメチオニン分解法。二〇種類あるアミノ酸のひとつにメチオニンというものがある。タンパク質の途中に、メチオニンが存在する場合、メチオニン分解法を使って特殊な化学反応を施すと、タンパク質はメチオニンの部位で切断され、前半部分と後半部分に分かれる。もしメチオニンがタンパク質内部に二カ所あれば、タンパク質は三つの断片に、もし三カ所あれば、タンパク質は四つの断片に分断されることになる。この方法でGP2を断片に分け、その断片をそれぞれ分離精製し、そこからアミノ酸配列情報を得ようというわけだ。

もうひとつのアプローチはタンパク質分解酵素を使った方法だった。消化酵素のひとつにトリプシンがある。トリプシンは、アミノ酸配列を選り好みして、リジンもしくはアルギニンというアミノ酸があったときだけ、その下流でタンパク質を切断する。もしタンパク質の途中に一カ所リジンが存在していれば、トリプシンで処理すると、そのタンパク質は二つの断片に切断される。リジンもアルギニンも比較的出現頻度が低いアミノ酸なので、タンパク質は木っ端微塵になることはなく、通常、五〇から一〇〇くらいのアミノ酸が連結した断片（ペプチド）いくつかに分断される。

このようにして私たちはGP2をいくつかの断片に切り分けた。そして新たに得られたペプチドを使って、そのアミノ酸配列を解析することにした。先頭のアミノ酸配列とタンパク質内部のアミノ酸配列が判明すると一挙に大量の情報を知ることにつながる。

とはいえ、精製したGP2サンプルの量には限りがある。当然ながら、操作を行うたびに貴重なサンプルは減っていく。実験操作をミスしたり、サンプルを無駄に使ったりすると、大変なことになる。アミノ酸情報が得られないまま、サンプルだけが失われて、また一からタンパク質サンプルの精製をやり直さねばならないとなったら、何百匹もの実験動物が犠牲になり、しんどい肉体労働が続く精製作業に勤しみ、それこそ研究に何年もの遅れが出る。だからいつも祈るような気持ちで実験を進めた。同時に私たちは必然的に卑しい性格になっていった。サンプルを少しでも有効に使うように、ほんのわずかでも無駄にならないように、試験管の底にへばりついた最後の一滴まで無駄にできない。アイスクリームを最後のひと口まで食べようとカップの底をスプーンで何度もすくい取るような習性が身に付くのであった。

こうして私たちは、GP2の部分的なアミノ酸配列情報を得た。この情報をもとにGP2遺伝子の配列情報を推定することができる。

特定のアミノ酸に対して、特定の遺伝子配列が対応している。遺伝子は四種の塩基、すなわちアデニン（A）、チミン（T）、シトシン（C）、グアニン（G）という化学物質からなっていて、アミノ酸ひとつに対し、三つの塩基（これをトリプレットという）が対応する。たとえば、メチオニンというアミノ酸に対しては、ATGという塩基配列が、トリプトファンというアミノ酸に対しては、TGGという塩基配列が対応する。これらはアミノ酸ひとつに対して、塩基配列一種という一対一対応だが、たとえば、グリシンというアミノ酸に対しては、GGA、GGT、GGC、GGGという四つの塩基配列が対応可能で、塩基配列の側に重複性がある。実際の遺伝子はこのうちのどれか一種類が使われているが、どれが使われているかは実際に遺伝子を分析してみないうちはわからない。

私たちが決定したGP2の先頭のアミノ酸配列は略号で表すと、Glu-Gln-Gln-Gly-Asn-

Arg-Asp-Leu-（以下略）というものだった。Ｇｌｕ（グルタミン酸）に対する塩基配列は、ＧＡＡかＧＡＧ、Ｇｌｎ（グルタミン）に対する塩基配列は、ＣＡＡかＣＡＧとなる。ちなみにグルタミン酸とグルタミンは名前が似ているものの別のアミノ酸であり、遺伝子の塩基配列も異なる。

特定の塩基配列を化学的に人工合成することは、当時、すでにごく一般的な技術になっていた。特に塩基を一〇個とか二〇個くらいつなげることは自動合成機を使えば一日ほどで作り出すことができた。ＤＮＡの二重らせんには、相補性があり、もし一方の鎖に損傷や欠落が起きても、もう一方の鎖があれば損傷や欠損を補うことができる。つまり、塩基配列をもとに人工の短い一本鎖ＤＮＡを用意し、水素結合を切断した別の一本鎖ＤＮＡと混ぜ合わせれば、そこで両者は結びつき、部分的に二重らせんを再生する。人工の短い一本鎖ＤＮＡが、いわば釣り針の役目を果たすわけである。あとは、釣り針のどこが結合したかを検出すれば、本物の一本鎖ＤＮＡを釣り上げることができる。

これをｃＤＮＡクローニングという。ＧＰ２の完全長ｃＤＮＡをクローニングできれば、その解析からＧＰ２の全アミノ酸配列構造を特定できる。私たちはそのために全力を傾けることにした。

学説のプライオリティは誰の手に？

発見あるいは発明においては、一番最初にそれを成し得た人物が勝利者としての栄光を得る。栄光だけでなく、賞金や特許権などの金銭的報奨も独り占めする。二番手、三番手に表彰台はない。とはいえ、科学的発見や発明はしばしば時代的な機運や潮流の上に花開く。マネやパクリでなく、独自にそれぞれ同じことを考え、同じゴールに向かって邁進し、同じ結論に至ることがある。

このような場合、競技や競馬と違って、いったいどうやって真の一番手が判定できるのか。それは誰が一番最初に発見や発明を「公表」したか、ということによる。

何かが発見されたとき、「いや、俺のほうが先に見つけて（思いついて）いたんだ」という人物が必ず現れる。そんなたわ言を排除するにはたった一言「ではなぜそれを先に公表しなかったのか？」で足りる。公表とは公の場で発表すること。科学の世界では学会で報告するか、より望ましいのは学術誌で論文を刊行することだ。

この制度には実は長い歴史がある。一七世紀後半、オランダのアマチュア科学者アントニ・レーウェンフックは自作の顕微鏡を使って、水中の微生物や精子の存在を発見した。ところがそのすぐあとになって、「精子を発見したのは自分が先」と主張する人物が同じオランダに出現した。彼は「精子の中に小人が座っている姿が見えた」とまでいった。レーウェンフックはこのような論争や紛争に巻き込まれたり、批判を受けたりするのが嫌だったので、自分の研究を公表することに逡巡していた。しかし、それを強く薦めた人物がいた。イギリス王立協会のオルデンバーグである。現在、レーウェンフックが顕微鏡の始祖として、微生物や精子の発見者として科学史に名を残しているのは、王立協会に発表の記録が日付とともに残っているからにほかならない。

三〇年以上前、ロックフェラー大学の青いジオデシックドームで、とある学会が行われた。二つのライバルチームが発表を控える場内は緊張に包まれていた。彼らは脳に微量に存在するホルモンの発見競争を繰り広げていた。西海岸のエリート研究所と南部の田舎大学。この順で発表だ。実は田舎大学はすでにホルモンの単離に成功し、その構造を突き止めていた。「いいか、相手チームが構造を発表したときだけ我々も発表しろ」。ボスは部下に厳命していた。エリートチームが発表を行う。ホルモンにあと一歩まで迫っていることは示されたが単離には成功していない。田舎大学の番になった。単離に成功し構造を決めた者だけしか知り得ない情報をチラ見せし、構造そのものは発表しなかった。盗まれて裏をかかれないために。論文はすでに書かれ、印刷されようとしていた。エリートチームの面々はあっけにとられた。

これほどまでには劇的でないが、かつては私も同じような研究競争の渦中にいた。GP2というタンパク質に興味をもち、細胞においてGP2が重要な働きを担っていると考えて研究を進めているのは私たちだけではなかったのだ。

風の噂で（当時はまだインターネットも電子メールもなかった）、ライバルチームの研究がかなり進んでいることが伝わってきた。精製に成功し、アミノ酸配列情報も手中にしているそうだ。焦燥感がつのった。

徹夜に次ぐ徹夜でGP2のcDNAクローニングを行い、その遺伝暗号の解読を進めた。今でこそDNAの解読は高速自動シークエンサーが一手に行ってくれるようになっており、研究者はサンプルを注入するだけでよくなったが私たちの時代はすべてが手作業だった。

X線フィルム上に現れた遺伝子の一塩基、一塩基を目を皿のように凝らして読み取っていった。

その年の秋、ライバルチームと私たちのチームは、米国細胞生物学会の同じ会場で成果を同時に発表した。同着である。そして両チームが解読した遺伝子暗号は一字一句違うことなく同一だった。互いに相手の研究の正しさが立証された。私たちはその場で初めてライバルチームに会ったのだが、どちらからともなく手を差し出して握手を交わした。

『生物と無生物のあいだ』執筆後の大発見

この後のGP2をめぐる研究の展開については、拙著『生物と無生物のあいだ』に詳しく書いた。生命とは単に機械論的に解明できるものではなく、分子と分子、細胞と細胞の相補性のネットワークによってダイナミックな流れとして存在しているものだ。つまり生命を動的平衡と捉えるきっかけを与えてくれる経験を私にもたらしてくれた。簡単にその経緯を振り返ってみると次のようになる。

GP2は、ヒトにはもちろん、イヌにだってマウスにだって存在している。いずれもとてもよく似た形をしている（つまりアミノ酸配列が互いに極めて似通っている）。進化の途上で、形が保存されているタンパク質はそれだけ生命の維持にとって重要なものだと考えられる。

私たちはGP2が細胞の中で何を行っているのか、一生懸命知ろうとした。ところがなかなかそれがわからなかった。

GP2は膵臓にたくさんある。腎臓にも類似のタンパク質が存在している。消化管にもある。でもその機能はまったく不明なのだった。

その頃、画期的な研究手法が現れた。ゲノムからGP2遺伝子の部分だけを切り取り、残りはつなぎ合わせる。こんな工作を施した細胞から受精卵を作り、そこから一匹のマウスを誕生させる。全身の細胞の、すべてのゲノムDNAからGP2遺伝子の情報が消去されているので、このマウスは、GP2タンパク質を一切作り出すことができない。これが遺伝子ノックアウトマウスである。重要なGP2タンパク質が存在しない以上、マウスは何らかの異常を示すはずだ。発ガン？　糖尿病？　栄養失調？　異常行動？　それがGP2の機能を知る手がかりとなる。

多額の研究費と時間を費やしてノックアウトマウスは完成した。固唾を呑んで成長を見守った。しかしマウスは健康だった。詳細なる生化学検査や顕微鏡観察でもどこにも異常は見出せなかった。

私は心底落胆した。遺伝子がひとつ完全に欠落しているのに、マウスは何不自由なく生存している。落胆しながらも、生命のあり方に思いを巡らせた。

もし受精卵の段階で、ある遺伝子が欠落していれば生命はその欠落を巧みに補うようにする。つまり別の分子や仕組みを立ち上げてバランスを取ろうとする。そして何事もなかったようにふるまう。生命は時計仕掛けというよりも、むしろもっと柔軟で可変的なものなのだ。つまり生命とは「動的平衡」にある。

今、目の前にいるマウスに異常が起こらないのは、実験が失敗したからではない。生命とは何かという事実の、最も成功した形が鮮やかに現れているのだ。私はそのことに思い至り、結局のところ、科学者もまた自然の精妙さの前にひざまずくしかないと感じる。と、ここまでが拙著『生物と無生物のあいだ』のあらすじ。

しかし、この話には続きがある。

その後、ＧＰ２遺伝子ノックアウトマウスは子孫を増やしていった。つまり生殖能力にも異常はない。寿命にも変化はない。ＧＰ２の欠損はそのまま世代を超えて受けつがれる。マウスたちは依然、健康なままだった。私たちは異常を探すことを半ば諦めかけた。しかしまさに探すのをやめたとき、意外なことが見つかってきたのである。

　探すのをやめたときに見つかることがよくあるというのは井上陽水の名曲にもあるけれど、科学の世界でもこういうことは確かにある。クラゲの発光物質を追いかけていた下村(しもむら)脩(おさむ)博士は、それがクラゲから取り出されると発光しなくなることに困り果てていた。あれこれ試したが、ひとたび光を失った抽出液が再び光ることはなかった。ある日とうとう彼は実験を諦め、液を流しに捨てた。実験室の明かりを消して帰ろうとしたときだった。流しがぼうっと青白く光っていた。発光にカルシウムが必要であることの発見につながる最初の手がかりがそこにあった。こんな大発見ではないけれど、私の研究分野にもごく最近、新たな展開があった。

　前述した通り、私たちはＧＰ２を発見した当初、このタンパク質が膵臓だけでなく、わずかながら消化管でも機能していることを確認していた。しかしＧＰ２がそこで何をしているかはまったく不明だった。

そんな折、理化学研究所の大野グループはＧＰ２が消化管の免疫に重要な役割を果たしているパイエル板のＭ細胞で特異的に発現（遺伝子のスイッチがオン）していることを見出した。パイエル板とは消化管に散在する見張り台のような場所。そこで私たちは、虎の子のノックアウトマウスを供出して共同研究を行うことにした。

すると意外なことがわかってきた。私たちの消化管は、お腹の中にあるように思えるが、実はちくわの穴のように外界と直接つながっている。だから日々、食べ物や吸気に由来する病原微生物の襲来を受けている。それに対抗するため消化管免疫システムがある。外敵を認識し、これに対して抗体を作ったり、リンパ細胞を動員したりする。しかしここで重要なのは、トポロジー（空間的思考）。外敵が取りつくのは消化管の内腔側（ちくわの穴側）。一方、免疫システムは消化管の血管側（ちくわの身の中）にある。外敵が大挙して血管側に侵入してきたとき（これが感染）に初めて免疫システムが作動していたのでは手遅れ、大変なことになる。だから消化管の内腔側にやってきた病原体を事前に捕捉して、免疫システムに知らせる「細菌受容体（レセプター）」が必要となる。

実は、ＧＰ２こそがこの「細菌受容体」だったのだ。ＧＰ２は、Ｍ細胞の内腔側表面にアンテナのように突き出して存在している。そしてサルモネラ菌のような病原体がやってくるとこれを捕まえる（結合する）。そのあとGP2はサルモネラ菌を結合したまま、M細胞の中を横切って、血管側に待機している免疫細胞にサルモネラ菌を引き渡す。これによって、免疫細胞は抗体を準備したり、病原体を捕食してしまうマクロファージ（リンパ細胞の一種）を動員して警戒態勢を敷く。

GP2ノックアウトマウスでは、GP2が存在しないのでこの警戒の仕組みが働かない。サルモネラ菌を消化管に投与すると、正常なマウスでは免疫システムが作動するが、GP2ノックアウトマウスではその応答が起こらないことがわかったのである。

消化管におけるこのような「細菌受容体」の発見は世界で初めてのことである。機能が長らく謎だったGP2にはこのような隠れた働きがあったのだ。

GP2に関するこの新しい発見は、科学専門誌『ネイチャー』に掲載された。大切に育ててきたノックアウトマウスたちがようやく報われたことになる。研究とは、このように非常に多くの落胆とほんのわずかな喜びとがあやなす営みである。

生命の動的平衡が、GP2遺伝子の欠損を補ったとするなら、その平衡状態は、正常な平衡状態とはまた異なったもののはずである。それは「何とかやりくりした」結果として作られた平衡であり、そこには未知の脆弱さや不安定さが潜んでいるかもしれない。生命の動的平衡は、精妙で柔軟であるけれども、同時に危うい平衡点になんとか成り立つバランスでもあるから。

この発見は何に役立つのか――経口ワクチンの可能性――

GP2は、細菌の表面に存在するFimHというタンパク質を目印にして、これに結合し、細菌を捕まえる。FimHタンパク質を持つ細菌は、サルモネラ菌のほか、大腸菌（病原性大腸菌を含む）、チフス菌などだ。悪玉菌でもピロリ菌にはFimHがない。善玉菌の乳酸菌にもFimHはない。したがって、GP2を介したルートで捕捉されるのは特定の病原性細菌ということになる。

GP2が細菌を免疫細胞（主として樹状細胞）へ引き渡すためにM細胞の外と内を通り抜けるように動くことをトランスサイトーシスと呼ぶ。GP2を介したこのトランスサイトーシスをうまく利用すれば、経口的に、免疫細胞へ任意の情報を届けることが可能となるかもしれない。経口ワクチンである。口から摂取されたタンパク質は、通常、消化酵素によって分解されてしまう。消化されるのをうまく免れたタンパク質があったとしても、消化管を隙間なく覆った上皮細胞のバリアーを通り抜けて、内部の免疫細胞に届くことはほとんどない（不用意にこのようなリークが起こると食物アレルギーにつながる）。

仮に、インフルエンザウイルスの表面抗原のようなタンパク質にFimHタンパク質を結合し、これを経口的に摂取すると、うまく小腸のM細胞にさえ届けば、そこでGP2によって捕捉され、トランスサイトーシスで、免疫細胞に引き渡されるはずである。つまり、口から飲むだけでインフルエンザに対する免疫力がつく「経口ワクチン」を作れる可能性がある。

タンパク質工学を使えば、FimHタンパク質に任意の病原体タンパク質を結合することができるので、多様な経口ワクチンを作り出すことも可能だ。カプセル等で保護して、できるだけ消化されないよう工夫すればM細胞に、経口ワクチンを効率よく届けることができるはずである。

注射器による接種が不要な経口ワクチンは、途上国の予防接種の代替薬品として公衆衛生の向上に大きく寄与するだろう。先進国でも都市型のインフルエンザ大流行への迅速な対応などに利用できる可能性がある。

残された謎

ＧＰ２は実は細菌レセプターだった。なぜこのことが今までわからなかったのか。それは普通、遺伝子ノックアウトマウスがクリーンな環境で飼育されているからである。室内も餌も無菌に近い状態が維持されている。凶悪な細菌が襲来してこないクリーンな状況では、たとえＧＰ２が存在しなくても不都合はない。だからマウスは見かけ上、健康に見える。環境に揺さぶりがかかったとき（この場合は細菌が襲来してきたとき）、なんとかそれまでバランスを保っていた動的平衡は初めてその脆弱さを露呈してしまうことになるのだ。

一方、ＧＰ２が最初に発見された膵臓、あるいはＧＰ２類似のタンパク質が大量に存在する腎臓においては、ＧＰ２分子の生物学的役割は依然として不明である。ＧＰ２は膵臓や腎臓でも細菌受容体として働いているのだろうか。膵臓も腎臓も細い管で外界（消化管あるいは膀胱）につながっているので、「外界」に面しているといえる。膵臓や腎臓を守るため、ＧＰ２がその最前線に存在していると考えることも可能だ。しかしノックアウトマウスでは膵臓や腎臓そのものには感染など特段の異常は観察されていない。

あるいは膵臓や腎臓では、生命の本来の動的平衡の作用によって、なんらかの補償的な機構あるいはピンチヒッターのような分子が働いて、ＧＰ２の欠損が補われているのかもしれない。これらはすべて今後の研究課題となる。

あとがき

研究者とは実に孤独な生き物だ。日の当たらない研究室に籠もり、自分の手でこしらえた仮説を立証するために黙々と実験を繰り返す。仮説の大半は間違っているし、実験の九九パーセントは落胆に終わる。いわば、暗く冷たい海の底をライトもコンパスもなしに歩み続けるようなものだ。心が折れて、すべてを投げ出したくなることもある。

しかし、それでもすがるような思いで研究を続けていると、稀にハッとするような発見や、仮説を裏付ける成果を得られることもある。クジラが海面で束の間のブリーチングを楽しんでは、また暗く冷たい深海へと戻っていくように、科学者は日の目を見るその一瞬だけを目指して地道な研究に人生を捧げるのだ。

私自身、GP2を最初に精製してから現在に至るまで、実に二〇年近い歳月をこの研究に費やしてきた。そんな孤独で苦しい研究の日々を支え、導いてくれたのは、エイブリーを始めとするロックフェラー大学の先人たちが紡いだ不屈の日々と、氏らが残した静かな革命の灯火だったように思う。

顧みればいつの時代も、ロックフェラー大学の研究者たちは、まるで新種の昆虫を追う虫捕り少年のように、ただ純粋に世界の謎を解き明かそうとしていた。

氏らとの出会いを通して、私はひとつの確信を得た。それは、「科学の価値は言葉に落とし込まれたときに初めて認知される」という確信だ。研究者が世界の謎を解き明かした際に求められるもの、それは自身の発見を、多くの人々が理解できる「言葉」へと翻訳する能力なのである。今回、ロックフェラー大学で出会った研究者たちは、確かに「研究成果を一般化するための言葉」を持っていた。そして、その言葉さえ研ぎ続けていれば、この先も研究者が科学の本質や社会的意義を見失うことはないはずだ。

本書を手に取った多くの読者にとって、生命科学は、日常であまり接点のない世界かもしれない。しかし、ロックフェラー大学の先人たちが語る「言葉」に触れる中で、日常の励みとなる教えや気づきを見出していただけたとしたら、これに勝る喜びはない。

二〇一六年一〇月

福岡伸一

本書は、集英社クオータリー『ｋｏｔｏｂａ』二〇一四年夏号の特集に掲載した原稿および、月刊誌『ソトコト』（木楽舎）の連載「福岡伸一の生命浮遊」（二〇一五年一一月号〜二〇一六年九月号）を大幅に加筆・修正したものです。

本文掲載写真撮影・田中克佳

福岡伸一（ふくおか しんいち）

生物学者。一九五九年、東京都生まれ。京都大学卒業。ハーバード大学医学部博士研究員、京都大学助教授などを経て、青山学院大学教授・ロックフェラー大学客員教授。『生物と無生物のあいだ』（講談社現代新書）、『動的平衡』（木楽舎）など、生命の本質に迫る著書多数。

生命科学の静かなる革命

インターナショナル新書〇〇四

二〇一七年一月一七日　第一刷発行

著者　福岡伸一（ふくおかしんいち）
発行者　椛島良介
発行所　株式会社 集英社インターナショナル
〒一〇一-〇〇六四 東京都千代田区猿楽町一-五-一八
電話 〇三-五二一一-二六三〇
発売所　株式会社 集英社
〒一〇一-八〇五〇 東京都千代田区一ツ橋二-五-一〇
電話 〇三-三二三〇-六〇八〇（読者係）
〇三-三二三〇-六三九三（販売部）書店専用
装幀　アルビレオ
印刷所　大日本印刷株式会社
製本所　大日本印刷株式会社

 Printed in Japan　ISBN978-4-7976-8004-1 C0245